项目资助

成都大学教材建设经费资助

成都大学中国—东盟艺术学院学科发展建设经费资助

本书是四川省社会实践一流课程"产品造型基础"、
成都大学社会实践一流课程"产品造型基础"阶段性成果

高等院校艺术设计精品教程系列

产品设计基础

董 泓 编著

THE BASIS OF
PRODUCT DESIGN

重庆大学出版社

图书在版编目（CIP）数据

产品设计基础 / 董泓编著.--重庆：重庆大学出
版社，2023.9
高等院校艺术设计精品教程系列

ISBN 978-7-5689-3313-1

Ⅰ.①产…　Ⅱ.①董…　Ⅲ.①产品设计—高等学校—
教材　Ⅳ.①TB472

中国国家版本馆CIP数据核字（2023）第082328号

高等院校艺术设计精品教程系列
产品设计基础
CHANPIN SHEJI JICHU
董　泓　编著

策划编辑：张菱芷
责任编辑：夏　宇　　　版式设计：张菱芷
责任校对：谢　芳　　　责任印制：赵　晟
　　　　　　　＊
重庆大学出版社出版发行
出版人：陈晓阳
社址：重庆市沙坪坝区大学城西路 21 号
邮编：401331
电话：（023）88617190　88617185（中小学）
传真：（023）88617186　88617166
网址：http://www.cqup.com.cn
邮箱：fxk@cqup.com.cn（营销中心）
全国新华书店经销
重庆新金雅迪艺术印刷有限公司印刷
　　　　　　　＊
开本：710 mm×1000 mm　1/16　印张：11.5　字数：236 千
2023年9月第1版　　2023年9月第1次印刷
ISBN 978-7-5689-3313-1　定价：78.00 元

序

"天覆地载，物数号万，而事亦因之，曲成而不遗，岂人力也哉？"天地之间物品不计其数，万物各自有道，随机变化而形成各种形态，无一例外，难道是人为造成的吗？是的，"天地有大美而不言，四时有明法而不议，万物有成理而不说"。除大自然固有的物质品类外，人类为了生存并实现社会的进步和精神与物质的同步，"只要人的最重要的历史活动，这种使人从动物界上升到人类并构成人的其他一切活动的物质基础的历史活动，即人的生活必需品的生产，也就是今天的社会生产"。

科学技术的进步决定产品的发展和进步，而产品设计则是对人们物质生活基础的重要规划活动，也必然伴随着时代的经济和社会状况、特定的意识形态和文化形态，集工程技术、艺术学科、人文社会学科、人类工程学科、材料学以及环境保护等于一体，是一门跨领域交叉学科。

当前，我国正处在为实现中华民族伟大复兴的新时期，思考本科教育怎样培养具有创造性的产品设计人才，而产品设计更需要具有创新能力的人，这是我们的当务之急，本教材就是本着这一宗旨而编写的。作者历经十余年，对产品设计专业本科学生教学创新实践的成果，总结得与失，写成这本《产品设计基础》教材。力求在现有状态下，培养出社会急需的，具有创新能力的人才。

纵观古今，产品是人们生活的日常用品，产品的使用功能和外观形态是由生产、制作者完成的，是技术系统的问题，基于以手工加工生产为主，其产品充分展示了社会生活、民族文化状态和制作工匠的技艺与美学修养，直到1929年美国经济大萧条后，设计才从生产中分离出来，成为独立的学科门类。

科学与技术是两个不同的思维进程，我国是四大文明古国之一，中世纪时期（476—1453年），世界属于技术的时代，我国处于文明古国的最高状态，曾创造出灿烂辉煌的古代文明。欧洲文艺复兴后，世界进入科学时代。由于技术体系是硬态试错法（在实际操作中不断试错，范围狭窄，时度难度高），中华文化开始衰落，而科学体系是软性试错法（建构在逻辑模型之上，一旦建构就扫平相关所有事件而产生巨大效率），西方文明开始异军突起。从清末洋务运动到五四新文化运动，我国有识之士试图改变这种状态，但都没有真正解决思维方式上的问题，技术体系思维方式一直影响着今天的专业教育。

教材试图从我国技术体系优势和灿烂的古代文明出发，结合哲学科学的思维方式和先进国家、地区的思维理念，培养我们的产品设计人才，这也是本教材文化内在的根本支点。

赫荣定

2023年1月于成都大学

前言

　　《产品设计基础》是建立在成都大学美术与设计学院产品设计系开设的"产品造型基础"课程的教学基础上，针对多年的教学实践和实际情况，尝试将现代设计理论与我国传统工艺设计实践做适度的结合，倡导"思考全球化，行动在地化"的概念，以新的形式、新的观念，将社会的、生活的、文化的相关知识应用于产品设计之中。回首过去，展望未来，本书希望在总结多年教学经验的基础上，在传统产品设计教育与高速发展的当代设计实践之间架起一座桥梁，关注设计的效果和影响，通过分析设计物品如何从普通的日常器物变为博物馆展品并具有文化传承的意义，以此梳理出一套系统的、科学的、全面的产品认知与造型的方法。正如博朗设计所说："在'设计'这样一个始终着眼于明天和未来的行业里，既要用于颠覆传统，又要与过去保持些许平衡和联系。"

　　全书共分为7课，强调以案例教学法介绍理论概念，案例选择及图片筛选均由笔者精心挑选，既有国际大师的作品，也有本土的优秀设计。第1课融合了设计史的内容，梳理了产品设计的概念及发展。第2课从设计形态学和历史的维度分析了传统产品形态与现代产品形态的成因基础。第3课、第4课以跨学科的视角，融合仿生学、符号学、心理学等领域知识，进一步阐述了仿生设计学、产品语义学与设计心理学等交叉学科为产品设计带来的新方法和新思路。第5课产品设计与材料，列举了如木材、金属、陶瓷、皮革等产品设计中常用的材料与工艺，并引入 CMF 设计研究和可持续设计的概念，融合我国传统器物"材美"与"工巧"及因材制器的设计原则。第 6 课旨在以"好设计"开阔学生的设计视野，以国家为类别，选取了在产品设计领域取得过辉煌成就的品牌，以及在国际上具有影响力的设计奖项，例如德国红点奖和博朗设计，意大利金圆规奖和阿莱西，日本优良设计大奖和无印良品等。第 7 课介绍了四川地区最具代表性的传统工艺，如竹编、蜀锦、蜀绣、邛窑器物以及漆器等，是课程实践与地方传统工艺相结合的一课。

本书是一本立体化教材，旨在减少纸本印刷的基础上，为师生和读者提供更丰富的、动态的设计实例、有益的学术参考和创新的思想理论，适用于工业设计和产品设计专业的师生作为基础课教材，也可供有兴趣的读者赏读。希望读者能够从大量的设计实例中，掌握有效的设计方法，得到准确的启迪和借鉴。

现代设计是一个不断探索的过程，正如此书的撰写，笔者虽已竭尽所能，但仍有很多不足与疏漏，在此恳请各位专家、同行批评指正。

董　泓

2023 年 1 月于成都

目录

第 1 课
设计、产品设计与设计师

1　关于设计

设计是人类为改造自然和社会进行的构思和计划，并通过一定的手段得以实现的创造性活动。今天，设计面临的挑战早已不同于往昔，需要满足企业与用户、社会的各种需求，如填饱匮乏、呼应内心的向往，彰显社会地位、文化认同、实现对美的渴望，以及对新科技的运用等，以此满足人类的生理、情感、社会以及经济的需求，而寻找这些需求和问题的解决之道，就是我们通常所说的"设计的过程"。

1）设计的出现和历史

"设计"在英语中称为"Design"，这个单词来自法语的"Desseing"，意指"画图"（Dessin）和"意图"（Dessein）。就词源学而言，可追溯到拉丁文字源"Disegno"。"Disegno"从文艺复兴时期开始，便有"代表"和"指出"的含义，用来指称作品的草图或素描，即一件作品的基本理念。因此"Design"一词蕴含两个意思：赋予造型、确认事物的意图。

"Design"一词正式出现是在美国 1929 年经济大萧条之后。在低迷的市场环境中，制造商首度尝试雇用造型专家，期望通过改良原有产品的外观使商品更具吸引力和市场竞争力。在德国，1945 年以前的产品设计被称为"产品造型"

和"工业塑型"。这一时期英国工艺运动的先驱们，如威廉·莫里斯（William Morris）以及深受其影响的德国工业联盟和包豪斯学校，都并未广泛使用"Design"一词。德国博朗通常以"Form gestaltung"（产品造型）和"Produkt gestaltung"（产品形态）来表示"设计"。1971年，法兰西学院正式认可"Design"一词，"设计"才真正开始在欧洲国家中广泛使用。1972—1973年，在博朗的年度报告中"Braun Design"首次出现在文章标题里。

人们常常对设计的功能存在误区：认为设计就是画出产品的外形，将设计的工作等同于美化外观。然而，设计作为一种历史悠久的创造性活动，可回溯至早期的人类文明。中西方都有着悠久的设计传统，在纷繁浩瀚的造物艺术中折射出中西方在艺术、科技、社会、经济等文化领域发生发展的轨迹，反映着不同地域的民族特质、智慧和审美倾向，是各民族文化交流的历史见证。

在人类造物史中，设计并非独立的艺术门类，其主要是人们在进行造物活动、视觉传播及生活空间经营之前所做的预想和计划，并以具体可视的物品、图形和实用的空间得以实现。因此，早期的设计主要是从属于造物、视觉传播和环境营造等活动的前期工序。

在近代机器工业生产之前，人类造物活动主要依靠手工生产的方式进行，其师徒相承、言传身教和家庭作坊式的生产方式，决定了在没有明确分工的手工业时代，一件物品的生产从设计、制作到最后的成品都是由同一个手工艺人独立完成的。在这个过程中，设计的预想和计划往往构思在脑海里，然后凭借手艺人多年的学习经验和熟练的技艺使设计作品得以完成。工业时代的兴起，机器生产流程使精确的分工显得十分重要，设计师这一需要统筹规划的职业也逐渐形成。

2）设计的定义

王受之在《世界现代设计史》一书中指出："所谓设计，指的是把一种设计、规划、设想、问题解决的方法，通过视觉的方式传达出来的活动过程。它的核心内容包括三个方面：①计划、构思的形成；②视觉传达方式，即把计划、构思、设想、解决问题的方式利用视觉的方式传达出来；③计划通过传达之后的具体应用。"

"设计"在中文中由"设"与"计"二字构成，在词典的解释分别为：设，假设与想象；计，计划、策略与方法。因此"设计"即是通过计划、策略与方法在现实中实现的过程。今天，我们通常用"设计"来泛指工业产品的草图和计划。1588 年版的《牛津词典》首次提及"设计"概念时，将"设计"定义为：①由人设想的为实践某物而作的方案或计划；②艺术作品的最初图绘草图；③规范应用艺术品制作完成的草图。同时，将"设计"（Design）的语义分为两类：①心理计划，是指在头脑中形成设想，并准备实行的计划或方案；②艺术中的计划，特别指绘画制作中的草图。从语义学来说，"设计"就是计划和构思，即心中有一定的目的，并以实现为目的而建立的方案；又或者说"设计"是一种将观念以明确的方式表现的行为过程，即主观意识的一种物化。

近年来，设计的概念不断发展，各大词典均将"计划"列为"设计"的同义词，"偶然"的反义词。一般来讲，当我们说某事"由设计产生"时，其意思是指某事经过了计划，它并不是偶然发生的，即做设计就是做计划、做组织。因此，"设计"往往被定义为：依照一定的步骤，按预期的意向谋求新的形态和组织，并满足特定的功能要求的过程；"设计"同时也是把一种计划、规划、设想通过视觉的形式传达出来的活动过程。

日本《设计小词典》针对设计的服务内容提出：①设计是为了满足近代生活具体的产品需要；②设计表现近代思想；③设计受益于纯粹美术和科学进步在生活中的体现；④设计推进新技术、新材料在产品中的应用；⑤设计应适应材料、技术所需的必要条件，使其发展形态、肌理以及色彩；⑥设计应直接表现材料的性质和美；⑦设计应表示制作方法，以区别大批量生产和手工制造的技术；⑧设计应将实用、材料、工程三个属性诠释融合；⑨设计应从外观上明确产品的构成，回避过度的装饰；⑩机械适用于人，不是强制人服从于机械；⑪设计尽可能服务于大多数的公众，既挑战豪华的要求，又满足庶民的愿望。

任何基础领域都有属于它的设计，如产品设计、交互设计、空间设计、照明设计等。在英语系国家，"设计"一词往往与一门专业相关，如工业设计、服装设计、珠宝设计等。如今，设计大量应用于大众消费、居家设备、公共设施、器械与交通运输工具等领域，成为美化日常空间、简化家务、塑造品牌形象、增加市场竞争力、改变营销手段、带动流行趋势、提出新的行为习惯的关键。

3）传统设计与现代设计

（1）传统设计

传统设计是指以传统手工艺为手段设计制作的产品，也称工艺美术设计。自人类开始创造物质文明以来，直至工业革命初期，人类的造物活动始终以手工制作为主。在新石器时代后期，产品的工艺尽管还略显粗陋，在重视象征功能创造的同时，却始终坚持以使用功能为主。青铜文明诞生后，由于青铜器皿的占有者只属于极少数的贵族阶层，手工艺品逐渐脱离了以"用"为主的实用性功能，逐渐发展成"用"与"美"的结合。礼器的出现成为当时贵族阶级财富、权力与地位的象征。从这一时期开始，手工艺最终形成两大流派：一是继承了"用"与"美"的结合，以"用"为主的传统手工艺产品；二是失去了具体的实用性价值，成为仅有象征价值的陈设工艺品。

在欧洲，进入资本主义社会后，各类生活用具的需求激增，手工艺制作的实用性产品无法满足日益增长的需求。工业革命的出现解决了实用产品的生产效率问题，也导致了传统设计的衰落。

（2）现代设计

现代设计是指以现代化生产手段生产的既具有实用价值，又具有象征价值的产品设计，也称工业设计。19世纪，工业化生产方式广为传播，使得设计从原本执行合一的手工艺中脱离开来，成为一项单独的艺术门类和职业。

包豪斯作为现代设计的先驱，将艺术与技术结合为一个新的、适合时代的整体，其设计活动的目标就是为广大民众设计出他们买得起且具有高度实用性和艺术性的产品。因此，现代设计必须符合批量生产的原则，降低产品的成本。

图 1-1 包豪斯

包豪斯校长瓦尔特·格罗皮乌斯（Walter Gropius）认为：技术不一定需要艺术，但是艺术肯定需要技术。他请来最优秀的艺术家、工匠、工业技术人员、设计师等共同为学生授课，让学生懂得工艺制造的过程，同时具备传统工匠和艺术家的审美眼光。他希望经过设计的构思，使机器制造出来的物件也能成为一个好产品。

包豪斯让新产品的创造始于概念，结束于量产，让设计摆脱"创作外形"的弊病，达到实用美观并适用于大机器生产的美学风格。1907 年，由艺术家、手工艺者、工业家及新闻工作者所组成的德意志制造联盟在慕尼黑成立，旨在艺术、工业及手工业的合作下，通过教育和宣传、改良批量产品的生产（图 1-1）。

2 关于产品设计

设计是一种表达方式，产品则是一种交易的货币与工具。设计作为一种生产力，与不同时期的生产方式紧密相连，所以产品设计与各类工程技术密切相关。产品的功能性不仅限于"物"自身的可用性，它还是人类弥补自身功能不足的延伸，因此也与人机工程学密切相关，是依据使用者的尺寸、比例、结构、机能以及运动方式展开的设计过程。

1）产品设计的出现

纵观产品的发展史，长期以来产品都是由手工艺人创造与制作完成的，带有独特的手工痕迹和美学意义。1920年后，随着工业革命的兴起，机械化生产的出现提高了产品的产出率，改变了传统造物的环境，形成了新的分工方式。设计被整合到工业生产流程中，设计与制作的分离也促进了设计师这一职业和产品设计概念的形成，设计师也被定义为复杂制造过程的规划者。由于产品设计涵盖传统设计（工艺美术）和现代设计（工业设计）的两个方面的内容，其涉及的领域十分广泛。从另一个层面理解，无论是大批量生产还是小批量制造，设计师正在重新演绎已被忽略的传统手工艺者的角色。

现代产品设计是一项以产品为主要对象，将科技与艺术相结合，以人性化设计理念为导向，以保护自然环境、提高人们的生活质量为宗旨，以创造新的生活方式为目标，综合运用科技成果和工学、美学、心理学、经济学等知识，对产品的功能、结构、形态及包装等进行整合优化的创新活动。

2）产品设计的定义

产品设计是指以现代化生产手段批量生产的物品，是一项产品或服务的草图和计划，是产品造型伴随功能而至的一个过程。这里所指的"功能"并不局限于技术或人体工程学上的应用，是一个兼具美学、符号学或象征传播效应的整体功能网络。在今天，产品设计具有更加广泛的含义，包括从概念构思、深化到产品的测试与生产，以及产品系统或服务的具体应用。

设计的工作往往开始于客户向设计师进行的问题描述。因此，设计即是一个为问题提供解决方案的过程。而"设计"之所以被归属于"创造性"领域，也正是因为解决这些问题都没有预设的答案，个性化的诠释与应用使得设计可以创造无限的可能。因此，产品设计是一个将某种目的或需求转换为具体的物理形式或工具的过程。在这个过程中，通过多种元素，如线条、符号、数字、色彩等组合把产品的形状以平面或立体的细节展现出来。

随着各领域之间概念与实体的疆界日益模糊，多种观念相互融合，衍生出照明设计、家具设计、展示设计、服务设计、交互设计、CMF 设计等。产品设计师的角色也因此变得更加复杂，成为以创造有形产品为目标，融合艺术、科技与商业的复合型人才。

3 设计与设计师

1）柳冠中

柳冠中，清华大学美术学院教授，1984 年创建了我国第一个"工业设计系"，奠定了我国工业设计学科的理论基础和教学体系。他认为，设计的对象表面上看是"物"，而本质是"事"。研究"事"与"情"的道理，即研究产品的"事理"。"事"是"人与物"关系的中介，不同人或同一人在不同环境、不同时间、不同条件下，即使为同一目的，他所需要的工具、方法、行为过程、状态都是不同的，只有把"事"弄明白，"物"的概念才会显现出来。因此，柳冠中认为：设计就是把"事理"研究清楚，其"定位"就是选择原理、材料、结构、工艺、形态、色彩的评价依据。把实现目的之外的因素限制与可能的"事"作为选择、整合实现"物"的内部因素依据，即为实现目标系统去组织、整合"物"的设计理论和方法。"实事求是"是"事理学"的精髓，也是设计的本质。

2）柳宗理

柳宗理（Sori Yanagi），金泽工艺美术大学教授，被誉为"日本工业设计第一人"。在他看来，民间工艺可以让人们从中汲取美的源泉，促使人们反思现代化的真正意义。他认为：好的日本设计一定要符合日本的美学和伦理学，表现出日本的特色；设计的本质是创造，创造出比过去更为优越的产品。传统本身即来自创造，好的设计若脱离传统是不可想象的。柳宗理主张排除一切稀奇

图 1-2　蝴蝶凳

古怪、引人注目的设计，追求在生活中最舒适、最有机能性的感觉。随着时间的流失，让用户感受到体贴入微的设计细节。1956 年，他设计的弯曲胶合板蝴蝶凳（图 1-2）是功能主义与传统手工艺结合的代表作；他曾指出，真正的设计要面对现实，迎接时尚潮流的挑战。他批评当代设计中存在的唯物质条件论和屈服于时尚趣味等不良倾向，希望自己的产品设计能融西方现代主义法则和日本民族情感于一体。

3）原研哉

原研哉（Kenya Hara），日本武藏野美术大学教授，无印良品（MUJI）艺术总监。"设计到底是什么？作为一名设计师，我无时不在寻找着答案。我是一个设计师，可是设计师不代表是一个很会设计的人，而是一个保持设计概念来过生活的人、活下去的人。就像是一个园子里收拾整理的园丁一样，我每天都在设计园子里做设计的果实，所以不论是设计一件好的产品或是整理设计的概念、思考设计的本质，抑或以写作去传播设计理论，都是一个设计师必须要做的工作。"原研哉在设计中推崇"Re-design"（再设计），意指在设计中重新面对自己身边的日常生活事物，从这些我们所熟知的日常生活中寻求现代设计的真谛，给日常生活用品赋予新的生命。

对于原研哉来说，从"无"开始固然是一种创造，而把熟知的日常生活变得陌生更是一种创造，而且更具挑战性。"再设计"也包含了对社会中人们共有的、熟知的事物进行再认识的意义。特别是在日用品类别的设计中，不去盲目追求奇异的事物，而是从人们所"共有"的物品中来提取价值，用最自然、最合适的方法来重新审视"设计"的概念。其代表作有"白金"的清酒包装设计（图1-3）和无印良品地平线系列海报设计（图1-4）。

图 1-3　"白金"的清酒包装设计

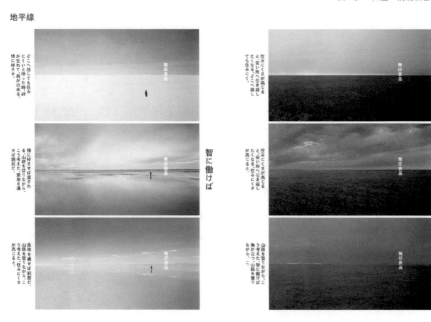

图 1-4　无印良品地平线系列海报设计

图 1-5　卷心菜椅

4）佐藤大

佐藤大（Oki Sato），日本 Nendo 设计公司创始人。他认为，设计师的工作不是制作奇形怪状的东西，也不是简单地让物体看起来更有型。所谓设计，本质上就是为解决问题寻找新方法。佐藤大希望赋予作品"友好而风趣"的特质，以及某种"幽默感"。在 Nendo 的网站上有这样一句话：在日常生活中隐藏着许多的"！"时刻，我的目标就是用简洁而有力量的设计，为生活创造更多的惊叹号，让我们的生活变得丰富多彩、充满意趣。

卷心菜椅（图 1-5）是佐藤大的代表作，这张椅子使用三宅一生服装面料生产过程中被树脂浸泡的废弃纸张作为原材料。设计师受玉米秸秆的启发，椅子外层褶皱可以一层层地剥离，而树脂可以提供椅子额外的支撑，因此椅子内部没有任何结构和配件。

5）乔纳森·伊夫

乔纳森·伊夫（Jonathan Ive），英国爵士，苹果公司原首席设计师兼副总裁，参与设计了 iPod、iMac、iPhone、iPad 等众多苹果产品。史蒂夫·乔布斯（Steve Jobs）曾经将乔纳森视为"在苹果公司的精神伙伴"。2019 年底，乔纳森离任，创立了 Love From 创意公司。他认为，设计从许多方面来说并不是设计一个具体的东西，而是在重塑制作流程，通过去除那些干扰注意力的东西，了解产品每个部分的层次关系。乔纳森曾表示，他所做的设计与其他产品的起点不同，并不是以工程学为起点，一味追求芯片读取速度，让利益最大化，而是从用户角度去着手考虑，强调的是用户体验和赢得他们的情感，让使用者以更简单、更便捷的操作体验展开研发。乔纳森追求的是使用者对产品的感受，是产品的物理存在与人类情感的结合，是用户的体验。其代表作有 iPhone（图1–6）和 iMac G3（图 1–7）。

图 1-6　iPhone

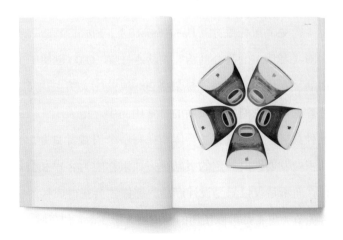

图 1-7　iMac G3

图 1-8　OXO 削皮器

图 1-9　OXO 刻度斜置量杯

6）达文·斯托维尔

达文·斯托维尔（Davin Stowell），Smart Design 的创始人兼首席执行官，OXO（奥秀）的联合创始人兼设计总监。OXO 创始于 1990 年，是美国时尚居家用品、厨具用品品牌，曾荣获 200 项设计大奖。达文·斯托维尔希望把通用设计理念带入人们每天使用的日常用品中。他表示："我们设计的东西必须具有某种意义。这种意义既要体现在每一个消费者身上，又要能够对经济或者世界的积极发展做出一定的贡献……如果你能为客户和公司创造具有实质意义的设计，而不是仅仅只是设计产品，那你才会获得成长的机会。"OXO 的代表作有腕关节炎患者都可以使用的削皮器（图 1-8）和在倾斜中可以观察使用量的刻度斜置量杯（图 1-9）。

7）马克·纽森

马克·纽森（Marc Newson），世界上最多产、跨度最大、最有影响力的设计师之一。2014 年加盟苹果公司，担任乔纳森团队的高级设计副总裁。未来想象和科技造型是马克·纽森的创作重点，强调鲜艳的色彩和富有想象力的造型。"作为设计师，我的工作就是透视未来，不去利用已经存在的任何参考性框架。我的工作是关于将要发生的事务，而不是已经发生的。作为设计师，我的哲学基础是：用某种方式试着提供人们愿意保留的产品，那些你感觉最重要的产品，才经得住时间的考验，我希望我的设计不会像其他东西一样迅速过时。"其代表作有洛克希德椅（图 1-10）、LV 四轮拉杆、积家空气钟（图 1-11）等。

图 1-10　洛克希德椅

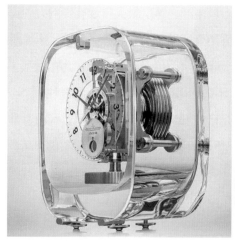

图 1-11 积家空气钟

8）菲利普·斯塔克

菲利普·斯塔克（Philippe Starck），法国设计鬼才，几乎囊括了所有国际性设计奖项，其中包括红点设计奖、IF 设计奖、哈佛卓越设计奖等。他认为："事实上，设计并不是发明创造出一个新的物品，因为创造出过多的物品其实是人们日常生活中的一种负累。当今的设计师应当关注的不应该是创造美，而应该创造高品质，总的来说意味着坚守'以简为优'的原则。另外一类是以雕塑家的方式来做设计，他们设计的目的只是为了创造出优美的外形，这更多是一种文化的创造。还有一类是'政治设计师'，这类作品往往集中于表现关乎整个人类的永恒的价值观，尽可能地远离时尚流行，并尽量反映艺术品本身的真实。"其代表作有幽灵椅、柠檬榨汁机、Ara 台灯（图 1-12）、汉斯格雅透明龙头（图 1-13）等。

图 1-12　Ara 台灯

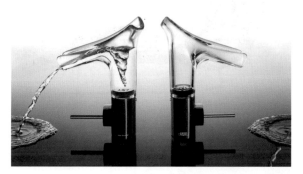

图 1-13　汉斯格雅透明龙头

9）帕奇希娅·奥奇拉

帕奇希娅·奥奇拉（Patricia Urquiola），西班牙著名设计师，意大利家具品牌 Cassina 艺术总监。她认为，设计经过多年来以功能为重的概念，现今似乎变得越来越主观，更适应人们的需求、欲望和乐趣。设计界和建筑界都在关注纹理、图案、表面工艺、包装物，在一个比较新的流派中强调二者的结合。将艺术与手工技术、现代技术相结合，不仅可以美化形式，实现一个更新、更先进的结果，还可以解决个性化与商业化、延续性共存的问题。

其代表作有抵抗身体椅（图1-14）和 Credenza 系列家具（图1-15）。"Credenza"在意大利语里具有双重意思：一是指柜子，二是指一个人的信仰。在大教堂里通常会有彩色的玻璃窗，那是通往神圣的窗口。这种彩色玻璃由意大利传承千年技艺的工匠手工打造，通常被用于教堂建筑的装饰上。如今这一具有象征意义的事物被帕奇希娅·奥奇拉运用到现代家具中。

图 1-14　抵抗身体椅

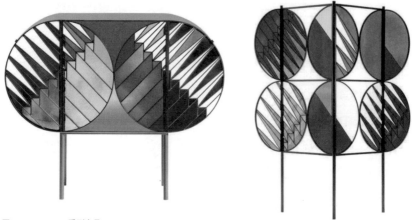

图 1-15　Credenza 系列家具

第2课
设计与产品形态

产品形态不仅是一种形式美的手段，也是产品与使用者对话的最终方式。这种对话通过人类的视觉、听觉、触觉等感觉来体现和接受。因此，产品形态实际上是以形式美的结构为表层目的，以产品的性能与使用者潜在期望为终极目标的一种基于视知觉理解力的语言表达方式，这种方式与组成产品形态的其他因素构成了设计者、生产者与使用者在视知觉上的对话。

1　关于形态

人类通过形来感受事物，用形来表达思想和情感。形态是人们认知世界事物的媒介，无论是抽象还是具象的形式，形态都是形成概念的条件。就设计而言，形态既是功能的载体，也是文化的载体，所有设计的内涵和价值，都要通过形态进行表达与表现。

1）形态的概念

汉语"形态"在词典中的解释为：①"形状"和"神态"；②词的形式变化，指词表示语法意义的形式变化，也叫构形形态或构词形态。在第一种解释中，"形"通常是指一个物体的外形或形状，如我们常把一个物体称为圆形、方形或三角形；而"态"则是指蕴涵在物体内的"神态"。简单来说，"形"是客观的记录与反应，是物化的、实在的、硬性的；而"态"是精神的、文化的、软性的、有生命力和灵魂的。随着设计学科的发展，"形态"的概念逐渐趋向于语言学中的含义，即功能的表征，表示事物各视觉元素或物理结构关系的表征功能，以及所构成的系统状态。

对于产品设计而言，"形"是指产品的物质形体，与构成、结构、材质、色彩、空间、功能等密切相关；"态"则是指产品可感知的外观形状和神态，也可理解为产品外观的表情因素。因此，形态的塑造包含"外形"和"神态"的二重构造，前者是形态的物性构造，以美观、实用的意义构成形态直观的美；后者是形态的理性构造，是对蕴含在物体形状之中的精神姿态的外在反映，是内在的、精神的、富有内涵的，且带有人的主观意识。

2）形态的分类

形态一般分为自然形态、人造形态和偶发形态。

（1）自然形态

自然形态可分为有机形态和无机形态。有机形态是指具有生命力和生长感的形体，常表现出柔韧的曲面和扩展生长的生命力。如设计师沙维尔·卢斯特（Xavier Lust）设计的猴面包树衣帽架（图2-1），面包树的波浪形中空结构造型和不规则的圆形分支挂钩，其灵感都来自自然界的有机形态。

无机形态是指自然形态中无生命力的、静止的形态，如山水、云石、风雪等。如马克·纽森设计的大理石书架（图2-2）就是以水波纹的无机形态为灵感设计的。

（2）人造形态

以自然形态为研究对象的形态学，其观点及成果对艺术设计领域有着诸多启发，并不断被应用到创造新的产品形态中，这些新的产品形态被称为人造形态。人造形态涵盖各类生活器具、建筑空间、环境设施、交通工具、服装首饰、广告作品等的外在特征。

在设计形态语言中，人造形态可分为可视性形态与非可视性形态。

可视性形态往往包含了产品的功能、材料、工艺，以及外观上的形体、线

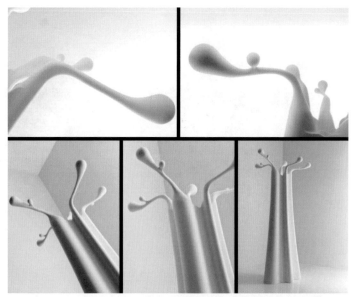

图 2-1　猴面包树衣帽架

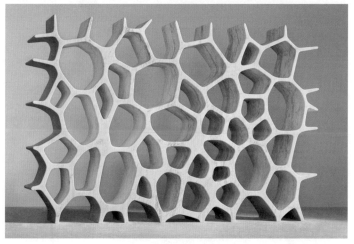

图 2-2　大理石书架

型、质感、色彩、肌理和装饰等的总体形象。以形态学的研究方法对人造形态的可视形态进行分析，寻求它们外在特征所蕴含的内在特性，即非可视形态，如器物构件的原理、关系、文化、意义和方法，从而了解其形态设计的意图、价值、相互关系等，其内容是相辅相成的。

图 2-3 潮汐大吊灯

图 2-4 Pools & Pouf！沙发

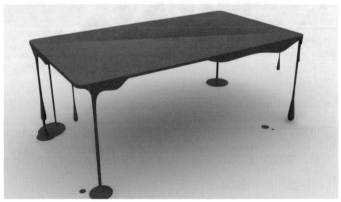

图 2-5 流淌油漆的桌子

例如，艺术家史都华·黑加特（Stuart Haygarth）将多年在英国海岸线收集来的塑料漂流物制作而成的潮汐大吊灯（图 2-3）。他从众多随机的人造形态中创造了新的产品形态，并赋予合理的秩序和结构，透过作品呼吁人们关注环境保护问题。

（3）偶发形态

偶发形态是人类在生活中偶然发生、出现的形态类型，一般指物体或某种材料经过一定的外力作用而留在物体上，因而产生的一些新的形态。如罗伯特·斯塔德勒（Robert Stadler）设计的 Pools & Pouf！沙发（图 2-4），以偶然喷溅在墙上的泥点子为设计形态，用法语中的仿声词 "Pools" "Pouf" 为产品命名，以此说明设计的灵感来源。又如由约翰·努安尼（John Nouanesing）设计的流淌油漆的桌子（图 2-5），其造型试图再现液体流动时的一个动态、偶发的形态。

3）设计形态学的产生

设计形态学的基础研究源自形态学。形态学作为生物学的一个分支，早期旨在探索生物体形态的生成、发展过程，以及对形态的分析和分类。设计形态学也是一门基于自然事物和人造事物，就其形态的发生、发展、构造规律以及其认知、知觉和意义的基础研究。在西方，设计形态学对应的汉语构词方式是"设计—形态学"，也就是对设计的形态研究。探索各类不同形态外化性和内化性的形态变化规律，提高对形态的感知和审美能力，熟练运用形态的视觉语言进行形态分析研究，这些共同构成了设计形态学。

2 形态与设计

设计常常被视为一种"形式赋予"的活动，设计学科的所有专业领域都离不开对形的认知、表达与表现。形态之所以成为设计学科的共同基础，取决于形态的类语言属性，即指示、识别和意义传达。一个好的产品往往能在其外在形态中体现出产品设计的综合因素。如产品的功能、使用意图以及对文化、历史、社会等的作用因素。

图 2-6　战争之碗

1) 形态与功能

在《现代汉语词典》中"功能"的解释为：事物或方法所发挥的有利作用、效能，是物、人、环境相互作用的综合结果。形态与功能之间是相互影响、相互关系且不可分割的互动构成。

从符号学来看，形态是一种具有意指、表现与传达等类语言功能的综合系统。形态可以将各种组成要素构成视觉语言，通过明示义或伴示义的方式传达不同的意义。例如，由多米尼克·威尔科克斯（Dominic Wilcox）设计的战争之碗（图2-6），将士兵塑料玩具熔化成碗状，隐喻战争中血肉模糊的场面，以此引起受众的反思。

每个时代，人造形态的变迁都伴随着科技的进步带来功能性的革新，如电话的演变过程。1875年，亚历山大·格雷厄姆·贝尔（Alexander Graham Bell）用两根导线连接装有振动膜片的送话器和受话器实现两端通话，其功能构件决定了早期电话的主要形态（图2-7）；随后出现的拨号盘式电话机（图2-8）、横放式电话机（图2-9）都是在此基础上进行的形态优化；直至1973年，摩托

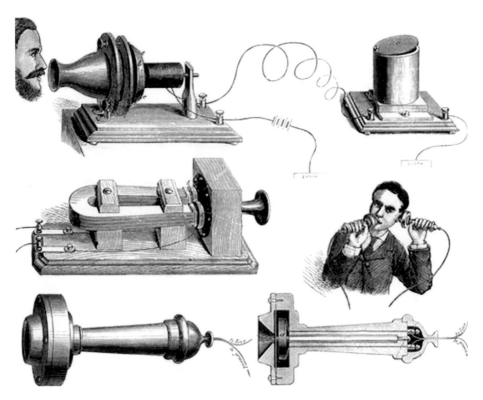

图 2-7　送话器和受话器式电话雏形

图 2-8　拨号盘式电话机　　　　图 2-9　横放式电话机　　　　图 2-10　第一部移动电话　　　图 2-11　智能手机

罗拉公司基于无线通信技术制造出第一部移动电话（图 2-10）才彻底改变了电话的形态和使用方式；2007 年，苹果公司将多点触控技术与手机相融合，以屏幕取代了按键手机的形态（图 2-11）。手机的形态由早期的通信设备，发展至今天更类似于显示设备的智能交互系统，其形态和造型规律由产品的基本功能决定。它涉及各种设计要素的协调，如形态对功能的适应性、新技术与新材料的使用、形态对人们知觉的感受和理解等。

20 世纪 20 年代，芝加哥学派代表人物路易斯·沙利文（Louis Sullivan）提出"形式追随功能"的口号，倡导设计的形态应以人的感受方式为基础，将产品的内在性能体现在人的视知觉体系当中，使产品功能和形式相结合。这一功能主义原则成为当时设计哲学的主要观点，也成为包豪斯以及德意志制造业同盟所遵从的主要设计原则之一。

2）形态与结构

长久以来，人类根据材料的特性形成了很多以自然物质为基础的形态结构，如砖石结构、木结构、钢结构。随着合成材料的出现，逐渐出现了钢筋混凝土结构、膜结构、有机聚合物和合成材料结构等。

（1）砖石结构

砖石结构是利用砖石垒砌形成的形态构造，主要采用适合砖石切割工艺的几何形态。其中，拱结构是最具代表性的形式，多运用在拱门、拱顶、半穹顶等建筑造型中，如古罗马斗兽场、哥特式建筑（图 2-12）等。

（2）木结构

木材在形态设计中应用广泛，一般采用木框架结构以及板式围合结构。我国传统建筑、明清家具中的榫卯结构（图 2-13）是木结构形态的典范。榫卯结构最初应用在大木作建筑中（图 2-14），以立木作支柱，横木作联结，构件之间不需要其他的载体就可以互相连接。在历经数千年的发展与演变，榫卯结构从大到小、由简单到复杂、由明到暗形成了一套变化丰富、独特多样的结构系统。

图 2-12　飞扶壁

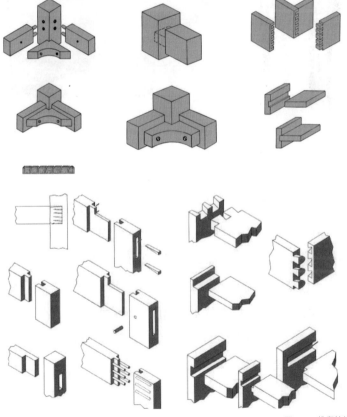

图 2-13　榫卯结构

图 2-14　我国传统木结构建筑

图 2-15　Muon 扬声器　　　　　　　图 2-16　好脾气椅

（3）钢结构

钢结构是大型梁间距建筑的主要构件物，具有强度高、截面小、结构轻、耐拉伸、耐压缩、可焊性强、匀质性好、弹塑性高、剪切强度好和易加工等特点，不仅被广泛运用于建筑领域，如埃菲尔铁塔、帕克斯顿水晶宫等，在家用电器和家具设计领域也被大量使用，如洛斯·拉古路夫（Ross Lovegrove）设计的 Muon 扬声器（图 2-15）、罗恩·阿拉德（Ron Arad）设计的好脾气椅（图 2-16）等都是由钢结构制成的。

（4）钢筋混凝土结构

钢筋混凝土结构是由水泥、粗细骨料和水按一定比例配合，经过搅拌后凝结，并在模板中植入网状或笼状钢筋的人工石材，其工艺特点是可形成矩形体、多面体、曲面体等多种自由的形态。在构造形式上主要有框架结构、弯梁结构、壳体结构，如悉尼歌剧院（图 2-17）、印度莲花寺（图 2-18）等都采用了壳体结构。

图 2-17　悉尼歌剧院

图 2-18　印度莲花寺

（5）膜结构

膜结构也称张拉膜结构，采用高强度柔性薄膜材料与辅助结构，通过某种方式使其内部产生一定的预张应力并形成应力控制下的某种空间形状。膜结构具有跨度大、自重轻、抗震好、透光强、阻燃性高、耐高温、自洁性好、制作工期短等优点；缺点是耐久性差，隔热性、隔音性差，由于膜材都是不可再生的，所以还存在一定的环保问题。膜结构造型众多，具体可分为：

①骨架式膜结构：以钢构或集成材料构成骨架，在其上方张拉膜材，广泛适用于各类大小规模的空间。如 2011 年 LSAA 公司设计的 Playa Vista 城市舞台（图 2-19）。

②张拉式膜结构：以膜材、钢索及支柱构成，利用钢索与支柱在膜材中导入张力形成稳定的形态。张拉式膜结构是一种最能展现膜结构力与美、刚与柔的构造形式。如由小岛和弘（Kazuhiro Kojima）与学生团队创建的实验性轻质承重结构作品 MOOM 展馆（图 2-20）。

③充气式膜结构：将膜材固定于屋顶结构周边，利用送风系统让室内气压上升，使屋顶内外产生压力差，以抵抗外力的结构。因利用气压来支撑，钢索只作为辅助材，无须任何梁柱支撑，可得到更大的开放式空间，具有施工快捷、经济效益高等优点，但需保持 24 小时送风，在持续运行及机器维护费用的成本上较高。如英国的伊甸园项目利用膜结构的透光性搭建而成的生态温室（图 2-21）。

图 2-19　Playa Vista 城市舞台

图 2-20　MOOM 展馆

图 2-21　伊甸园温室

（6）有机聚合物和合成材料结构

有机聚合物和合成材料结构主要是注塑工艺，利用材料加热成型的可塑性构建产品形态结构。塑料的可变性和灵活性使其可以利用控制、成型、构造和雕刻等众多手段进行加工，给形态设计与结构探索无限的可能性。如由帕特里克·茹因（Patrick Jouin）设计的 TAMU 椅（图 2–22）就是一款利用特殊聚合物材料配合计算机算法，以使用最少的材料为目的，优化椅子所需的支撑点为基础构建出的形态。

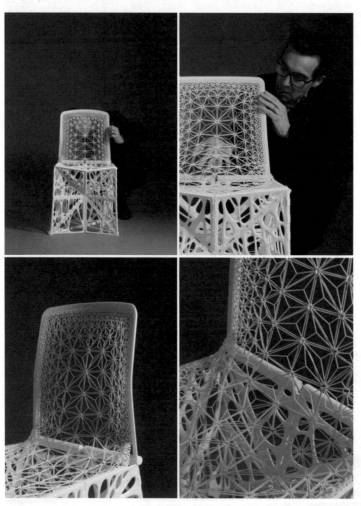

图 2-22　TAMU 椅

3）形态与仿生

自古以来，自然界就是人类各种科学技术原理及重大发明的源泉。回顾我国的古文明史，可以看到人们很早就留下了模仿自然的痕迹。如以各种动植物形态为原型的实用器皿凤首流铜匜（图 2-23）、十五连盏铜灯（图 2-24）等；春秋战国时期，鲁班从草叶的齿形边缘中"悟"到锯的原理等，都记述了人们对自然生命外在形态和功能创造性的模仿。从古至今，很多优秀的设计均受到自然形态的启发，现代"形态学"就是以分解的观念，观察自然从而找到组成万物形态的共有要素，然后再以这些要素去创造、组合成新的形态。

人类师法自然的思维由来已久，不同领域的研究者都在尝试把自然界的形态、功能、结构等应用于各类学科之中，这便促成了仿生学的诞生。列奥纳多·达·芬奇（Leonardo da Vinci）被认为是现代仿生学之父。1505 年，他撰写的《鸟类飞行手稿》（*Codex on the flight of birds*）以超过 35 000 字的内容和500 多幅素描来介绍空气的性质、模拟鸟类飞行的原理与飞行器的制造工序，为人类飞行实践迈出了关键的一步。

图 2-23　凤首流铜匜

图 2-24　十五连盏铜灯

3 中国器物设计与仿生象物

观象制器是中国传统器物造型的主要创作方式。人们通过观察天、地、人、生物等，以自然界中的万物万象制作出大量的象形器物。如我国民间的虎头鞋、麒麟锁、五毒肚兜、鸳鸯刺绣、团花剪纸，不仅寓意深刻且可以以物传情、借物言志，形象地表达了人类的精神愿望和情感志向。这些以生物的"象"（形象）进行"器"的制作和创造的造物方式，也称仿生象物。

仿生象物不注重精准地再现自然物象的外形而重在意境。用象征手法赋予自然形态伴示义功能，给观赏者以想象和意会的空间，反映出中国古代设计物质生产和精神生产高度结合的系统。

1）传统器物的仿生造型

器物的创造和使用是人类文化的重要组成部分，包含技术因素和审美因素两个方面。中国传统器物造型是我国传统生活方式中生存事实与实践的代表，反映了我国以农牧为主的原始经济、生活形态。从设计角度看，早期的器物以实用功能为主，常以仿生象物的手法制作出具有生动形象、富有韵律感的器物外观，传达出人与自然和谐共存的理想和追求。

长信宫灯（图 2-25）是我国古代器物实用属性与审美属性有机结合的代表作品之一。在造型上，长信宫灯属于仿人形灯饰；在功能上，宫灯将形态与功能巧妙融合，右臂上举的衣袖罩于筒灯顶部形成烟道，使燃烧的烟尘通过衣袖进入中空的体内，跪坐的腿部造型被设计成缸体结构，内置水盘。烟尘经过底层水盘的过滤能去掉尘埃和异味，排出较干净的气体。在工艺和结构方面，长信宫灯通体鎏金，灯体采取了分段铸造法，由头部、身躯、右臂、灯座、灯盘和灯罩六个部分组装而成，使灯具的各组合部件可以拆卸，便于清洗内部的烟霾。

像长信宫灯这样具有环保功能的仿生形态灯具还有很多。如江苏省甘泉乡出土的汉代错银饰铜牛灯（图 2-26）、山西省平朔县（今山西省朔州市）出土的

西汉彩绘雁鱼青铜釭灯（图 2–27）等。从这些环保灯具的造型可以看出，利用
清水净化烟尘的科学思想在西汉时期已经非常盛行，人们已经着手于通过仿生
形态与功能、结构相结合的方法解决生活中的各种问题。

图 2-25　长信宫灯

图 2-26　汉代错银饰铜牛灯　　图 2-27　西汉彩绘雁鱼青铜釭灯

2）传统器物的仿生纹饰

纹饰和器型是我国传统器物设计艺术紧密相连的两个重要内容。器形强调实用功能，纹饰以器形为载体，形成与器物形制相适应的纹样，使器物整体更具有造物艺术的魅力。

自然界中的花草、动物是我国器物纹饰设计的主题。我国古人为自然界的动植物赋予了人的品格和社会伦理属性。马逸清先生在《动物文化和文化动物》一文中指出：动物文化是指具有动物形象和内容的文化，它们是人们按照动物的外部形态和生态特点，并依据人类社会生活和生产活动的需要塑造而成的诸多社会文化现象。

图 2-28　清代文官补子

　　文化动物是指具有社会文化特征的动物，反映了动物和人类社会生活的关系，如青龙、朱雀、白虎、玄武、凤、麒麟、十二生肖等都属于文化动物。我国古代将这种文化动物按照等级排序，最具代表性的是明清时期文官和武官朝服补子（图 2-28）上的动物纹样。古人运用写生和幻想两种手法进行纹样的形态创造，使纹样成为象征身份的符号。当这些纹样在人们心理作用外化出神灵崇拜、政治思想、伦理观念后便蕴含了等级区别、文化内涵和世俗观念，纹就不仅具有纹饰的装饰性功能，也具有文字的说明性功能。

　　文化植物是指具有社会文化特征的植物。自然界中的花、草、树木在中国文化中也同样被赋予人的等级与品格。如牡丹就被称为"百花之王"，牡丹纹饰也代表了"官居一品"；"花中四君子"梅、兰、竹、菊也被赋予傲、幽、澹、逸的品质，人们把一种人格力量、道德情操和文化内涵注入其中。通过植物的自然属性寄托理想、托物言志、寓兴自我，这些植物形态成为古人展示高洁品格的创作题材，如粉彩折枝花卉纹灯笼瓶（图 2-29）、仿朱漆菊瓣式盖碗

图 2-29　粉彩折枝花卉纹灯笼瓶

（图 2–30）。造物者将文化植物的造型特征删繁就简，通过提炼、概括使之抽象化，并以彩绘、印花、刻花、贴花、刻绘等技法将其运用于器物造型和装饰之中。

图 2-30　仿朱漆菊瓣式盖碗

第3课
产品设计与仿生

在漫长的岁月里，人类不断观察自然，研究和模仿各种生物，发明创造了各种器物和工具，由简单到复杂，由粗糙到精细，以适应生存和发展的需求。早期的仿生设计受到材料、工艺和审美观、设计观的影响和制约，带着明显的样式主义风格和工艺美术的特征。随着现代科学技术的发展，生物学、电子学、动力学等学科促进了对生物系统的结构、功能、能量转换、信息传递等各种优异特征的研究，为仿生学提供了更多的科学依据，也为现代仿生设计提供了新的方向。

1 关于仿生设计

仿生设计是仿生学和工业设计两个边缘学科相结合的产物。仿生学的英文是"Bionics"，由具有生命之意的希腊语"Bion"与"具有……性质"的"ics"组成。从词语的构成可以看出，仿生学是一门在学习、利用、模拟生物的基础上，利用生物的结构和功能原理来研制产品或者各种新技术的科学，强调对生物的认知转化为有目的的观察、分析和再创造。仿生学自20世纪诞生以来，快速扩展到自然科学、技术科学和工程科学等众多领域，成为多学科交叉融合，促进人类进步和发展的大学科。仿生设计原理主要是运用工业设计的艺术性与仿生学的科学性相结合的思维与方法，通过研究自然界生物优异的系统功能、形态、结构和色彩等基本特征，有选择性地在设计过程中应用这些原理和特征所进行的设计。

1）仿生设计学的概念

1960 年，美国斯蒂尔（Steel）博士在第一届仿生学术会议上，把仿生学定义为模仿生物原理来建造技术系统，或者人造技术系统具有或类似生物特征的科学。生物是仿生的模本，模拟生物形成的理论、方法、技术形成的产品可统称为仿生产品。模仿即模拟，是仿生设计与制造的目标，也是将模本转化为仿生产品的途径和桥梁。随着现代观测、试验、仿真手段的发展，仿生设计不再是简单地对自然进行形似模拟的单元仿生，而是模仿生物多因素互相耦合、相互协同作用的神似模拟。神似模拟是在形似模拟的基础上对生物功能原理与规律的探究，具体可分为直接模拟和间接模拟。

2）直接模拟

模拟是仿生模本向产品转化的基本途径，直接模拟是在自然形态客观认知的基础上，对其功能、结构、形态、肌理、色彩等一系列特征，通过感性思维直接进行产品形态的模拟设计。

直接模拟的产品形态活泼、语义清晰、富有童趣，具有明显的装饰感，多用于儿童家具、家居产品和生活用品等。在设计中可以根据具体的产品需求选择对仿生对象整体或局部特征进行模拟，但无论选择的是整体还是局部，都要抓住其最具有个性的特征展开，并符合产品的概念、功能、材料、人机操作等构成要素的和谐。例如，由 65 号工作室设计的唇形沙发（图 3-1），以女性的嘴唇为模拟对象与沙发柔软的质感相结合，其性感、浪漫的表现风格被誉为波普艺术的设计典范。前端设计（Front Design）设计的动物系列家具（图 3-2）通过高仿真、直接模拟动物的形态和比例尺寸，以实验性的设计手法，让设计的趣味性在作品上充分表现出来。

3）间接模拟

间接模拟一般以抽象的几何形体和有机曲面形态为主，强调对生命体外部形态特征的概括、提炼并与当代人的审美需求相结合，是一种比直接模拟更高层面的仿生手法，一般用于灯具设计、家具设计、汽车设计和家用电器设计等领域。如日本新干线列车车头（图 3-3），根据翠鸟在俯冲过程中形体与空气阻力的关系，以模拟鸟喙的造型设计而成；大众甲壳虫汽车（图 3-4）、道奇蝰蛇等则体现了仿生设计方法在交通工具造型中对空气动力学的重视。

　　间接模拟除了模仿生物的外形轮廓、局部造型等物理特性，在具体的设计实践中也会根据产品自身的功能定位和使用场景，提炼生物个体或种类的概念特征，即模仿"形态"中的"态"。如宝马汽车、保时捷汽车的车前灯（图3-5、图 3-6）分别以鹰眼、蛙眼造型寓意聚焦、广阔、清晰、动态的视域。

图 3-1　唇形沙发

图 3-2　动物系列家具

图 3-3　日本新干线列车 JR500

图 3-4　大众甲壳虫汽车

图 3-5　宝马鹰眼车灯

图 3-6　保时捷蛙眼车前灯

2　仿生设计的内容

大自然是人类创新的源泉，人类早期的活动都是以自然界为蓝本，通过对生物的模仿达到制造工具的目的。由于在生活实践中积累的经验、技能、知识与设计的目的不同，仿生的内容和手段也会有不同的侧重点。在现代产品设计中，基于生物特征认知与产品构成要素的相关性，仿生设计的内容大致可分为仿形态、仿功能、仿结构、仿意象、仿声音、仿色彩六个方面。

1）仿形态

仿形态即仿生物形态，是指在对自然生物体（包括动物、植物、微生物等）所有典型外部形态的认知基础上寻求对产品形态与功能的突破与创新。

仿生物形态需要根据不同的产品概念和设计目的，恰当地选择仿生对应物，把握形态的本质特征，有所侧重地对生物的"形"和"态"进行模拟、再现和演变。设计过程强调对生物形态进行由整体到局部的组合，协调比例、尺度、线条、色彩、质料、构图关系等，增强产品意向的趣味性，使产品造型蕴含生命的活力。如 Qeeboo 品牌推出的小兔子座椅（图 3-7）和大猩猩落地灯（图 3-8），都是对自然物的形态进行观察、模拟、概括、简化后，将提炼出的有机形态应用到以产品功能为前提的造型设计中，进而创造出实用性与审美性相统一的产品形式。

图 3-7　小兔子座椅

图 3-8　大猩猩落地灯

图 3-9 三足蚁椅

图 3-10 植物椅

　　仿"态"强调对仿生对象展开以立体空间、多维度、多层面的观察和研究，从不同视角对其进行静态、动态特征的记录，并运用关联性特征提取的方式进行相应的设计演化，使"态"在抽象化、概括化的演变过程中，形成适用于产品功能要素和符合现代化生产的标准。如阿诺·雅克比松（Arne Jacobsen）设计的三足蚁椅（图 3-9）和由法国设计组合布鲁雷克兄弟（Bouroullec Brothers）设计的植物椅（图 3-10），设计者通过对生物行为、动态的捕捉，设计出造型简洁且符合人机功能的产品。

2）仿功能

仿生物功能从研究生物体和自然界物质存在的功能原理出发，以改进现有或构造新的技术系统为目的，促进产品的更新换代或新产品的开发。

自然界的生物在漫长的进化过程中，为了生存、繁衍，强化出了许多优异的结构和功能，为人类新技术、新产品的发明提供源源不断的灵感。功能仿生强调在技术方面模仿动植物在自然界中的特殊技能，通过再现生物学的原理找到相关技术上的解决方案。例如，科学家通过探索蜻蜓的生物结构，效仿蜻蜓翼眼的功能，成功解决了直升机（图3-11）飞行时的颤振问题；人类通过观察、研究鱼鳔的工作原理，有效解决了潜水艇（图3-12）下潜上浮的问题，以及根据蝙蝠的超声定位原理，发明了雷达和反声呐系统等。

在功能仿生中，设计师的职责与科学家、工程师不同。设计主要解决物与人之间的关系，即构建人机对话的平台；后者则主要负责研究、解决物与物之间的关系。因此，产品设计中的仿生物功能，主要是利用仿生技术发明开发相关的产品，实现以功能仿生技术为基础的设计创新。

图3-11　直升机

图3-12　潜水艇

3）仿结构

仿生物结构以研究自然生物由内向外的结构特征和机体构造，发现生物与产品的潜在相似性为目的，创造新的形态或解决新的问题。生物结构具体可分为骨架结构和壳体结构。骨架结构可分为内骨结构和外骨结构。我们通常把隐藏在造型内部作为支撑的结构称为内骨结构，如人类、鱼类的骨骼等。内骨结构形态受力学构造的制约，起着关键的力学作用和生物体构形、承重的功能，在一定程度上也限制并决定了事物外观造型的构成方式，如防毒面具（图 3-13）就是根据野猪的呼吸系统结构研制出的产品。壳体结构源于对动植物外壳的启发，如根据鸡蛋、螃蟹、乌龟、螺类、坚果的结构形态制作成的具有防御功能的盾牌和盔甲。随着合成金属、塑料纤维等新型材料和新工艺的出现，壳体结构以其有机的曲面特征和优良的韧性、刚性，被大量用于交通防护用具（图 3-14）、建筑、包装、家用电器和家具设计领域，如阿诺·雅克比松设计的蛋椅（图 3-15）。

在产品设计中内骨结构也可以作为一种风格形式的表现，成为具有装饰性的可视结构。如马塞尔·万德斯（Marcel Wanders）设计的蛹吊灯（图 3-16），内设的钢架骨架结构不仅强调了产品造型的轮廓，也有效地控制了"蛹"的成型工艺和外观形态。

图 3-13 防毒面具　　　　　　　　　　　　　　　　　　图 3-14 交通防护用具

图 3-15　蛋椅

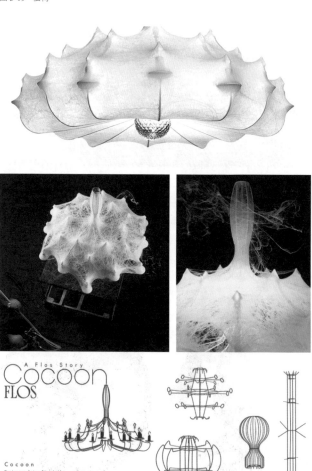

图 3-16　蛹吊灯

外骨结构即产品的功能性结构以外露的形式成为产品形态的一个组成部分或整体。自行车就是生活中常见、典型的外骨结构产品。其中，轮子的设计是在公元前 4000 年前，黄帝受滚动的飞蓬花的启发，模仿其结构设计而成（图 3-17）。

长期以来，结构与形态分别代表着技术与艺术。产品的结构在很大程度上决定了形体的艺术特征。那些具有强烈视觉冲击力的外骨结构，有的是以功能为导向的设计，如保罗·汉宁森（Poul Henningsen）设计的松果灯（图 3-18）以 72 片金属叶面环绕结构，使光源通过漫反射形成柔和均匀的照明效果；有的则是在追求视觉影响力和文化象征的意义，如扎哈·哈迪德（Zaha Hadid）为灯具品牌 Slamp 设计的 Aria 吊灯（图 3-19），以仿生鱼鳍的结构使产品形态具有极强的动态视觉感染力。

图 3-17 车轮的仿生设计

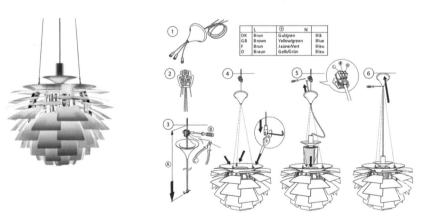

图 3-18 松果灯

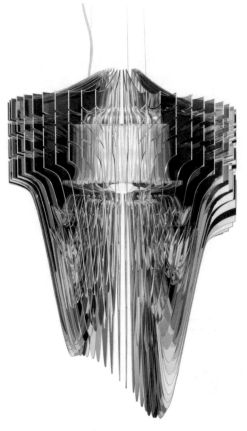

图 3-19　Aria 吊灯

4）仿意象

仿生物意象是创作者接触客观事物后，以联想、想象、关联等主观情感，结合产品的概念与设计目的，对生物形象进行特征提取的一种设计手段。设计者通过象征、比喻、借用，再现生物典型的视觉元素和形态语言，让受众联想到相关的物象形态，达到对意象形态的感知和共鸣。如洛斯·拉古路夫设计的天龙矿泉水瓶（图 3-20），其造型源于水自然流动过程中的意象形态。设计师利用水的透光性与曲面肌理形成光影折射的效果，使产品形态不仅具有如流水般的生物意象，在功能上还起到了防滑和加固、减少材料使用的作用。

图 3-20　天龙矿泉水瓶

图 3-21　快乐鸟水壶

5）仿声音

仿声音即模拟自然界以及生物的声音。声音是由物体振动产生的声波，并通过介质传播形成能被人或动物听觉器官所感知的波动现象。在自然界中，许多生物识别声波的频率比人类高，且能利用回声辨别方向。例如，蝙蝠、海豚、鲸都能在暗淡和浑浊的水域中利用声波进行定位。科学家模仿生物特殊的音频波长开发出声呐探测设备，被广泛应用于海底勘探和军事设备中。

在产品设计领域，1985 年迈克尔·格雷夫斯（Michael Graves）为阿莱西公司设计的快乐鸟水壶（图 3-21）是仿声设计中的代表作品之一。快乐鸟水壶在壶嘴处添加了一个小鸟形象的笛鸣盖，水蒸气通过壶口冲击到隐藏在翅膀里的橡胶口哨产生振动发出类似鸟鸣的声音，不仅使其具有良好的提示功能，还丰富了产品使用过程中的娱乐体验。

6）仿色彩

仿生物色彩是指通过研究、模仿自然和生物系统的色彩功能和形式将其运用到产品形态中的一种设计方法。自然界中有很多动植物（如树叶蝶、变色龙等）都能随着阳光、环境、生理机能的变化迅速改变体色来保护自己。

生物色彩是一种光学上的掩饰，以延缓获取视觉信息形成伪装。生物变色伪装的生存策略首先被人类借鉴于国防工业。例如，以模拟自然环境的色彩组合制作成的迷彩服。我国"07式迷彩服"根据兵种的作战环境，共分为特战迷彩、林地迷彩、丛林迷彩、海洋迷彩、城市迷彩、荒漠迷彩、航空迷彩7种样式（图3-22），其颜色和图案是根据大自然不同的季节和环境，经过系统的数据分析后，模拟、提取大自然的色彩元素设计而成的。随着时代的发展，各个国家的军用迷彩图案都采用了特殊的配色方式进行设计制作，不仅能起到伪装的作用，还具有类似二维码一样的识别功能，代表了不同国家的特征。

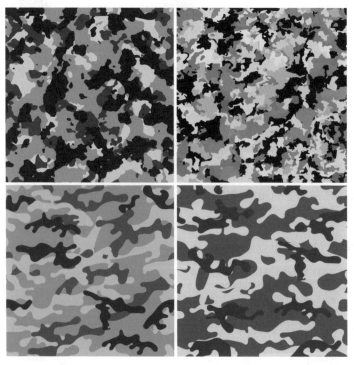

图 3-22　迷彩服图案

图 3-23　华为手机

　　肌理是物体表面的组织纹理结构，由质感和色彩构成，是仿生物色彩中不可或缺的内容之一，也是产品最具表现力的要素之一。在产品设计中，肌理作为材料的表现形式能深刻地影响人们的视觉感受和心理情绪。现代产品的肌理往往需要通过先进的工艺技术，赋予材质新的效果和视觉体验。如华为手机（图3-23）为模拟自然界绚丽多彩的北极光，在工艺方面通过控制不同的靶材、沉积薄膜的厚度等参数，使薄膜与玻璃背板在光的反射、折射及干涉作用下呈现出繁复、渐变的色彩之美。

　　色彩不仅具备审美性和装饰性，还是兼具象征意义的符号。色彩的象征性与文化密不可分，根据所在地区、时代和社会文化的不同会呈现出不同的色彩象征系统。例如，绿色是自然界中最常见的颜色，因此在设计中往往代表生命和健康，常用于唤起人们的环保意识。红色则让人联想到火与血液，在西方具有牺牲、战争的含义，在东方则更多代表吉祥、乐观与喜庆。同时，红色也被认为是一种能激起人类雄性荷尔蒙分泌的颜色，因此也常用于表达爱和警示。

　　在产品设计中，色彩的选择通常由产品的使用方式和使用语境来决定。例如，象征希望和对艾滋病患者关爱的红丝带（图3-24），1969年由埃托·索特萨斯（Ettore Sottsass）为奥利维蒂品牌设计的情人节打字机（图3-25）都采用了鲜艳的正红色。

图 3-24 红丝带

图 3-25 情人节打字机

3 仿生设计的方法

仿生设计是产品设计的一种创新思维与方法。一方面，它需要运用直觉思维，发挥想象力，打破常规认知和固有思维模式，对模拟对象的"形""音""色""结构""功能""意向"等主要形态或特征进行产品的概念构思；另一方面，则需要运用逻辑思维，通过"场景仿生""重点仿生""特征仿生""创作仿生"等方法对仿生目标展开从整体到局部的观察、记录与描绘，创造性地对相关素材进行概括、提炼，将抽象的概念与具体的产品形式、功能、目的、语义等构成要素进行整合和归纳，形成"观察—灵感—模拟—创造"的仿生设计成果转化，达到造型的目的。

1）场景仿生

产品设计中的场景仿生是指在仿生时以环视、广域的视角观察、收集目标场景周边具体事物的特征和氛围素材。按照心理意象、泛化意象、观念意象和审美意象对这些素材进行综合分析，归纳出场景中最有价值的元素。通过创作者的主观经验和对客观信息特征的个性化表达，使产品表现出丰富的文化、趣味和情感意象。例如，马塞尔·万德斯设计的阿莱西"马戏团"系列餐具（图 3-26）大胆地将马戏团常见的色彩、图形与刺激感融入产品设计中，以发散性思维将马戏团场景中常见的事物进行系统性、关联性的洞察、分析和元素提取。以白、黑、红、黄与圆形、条纹、菱形等几何图案泛化大众印象中对马戏团的视觉体验，创造出具有象征意义的产品造型。通过对产品在储物时不同的摆放、堆叠方式营造出马戏团场景内欢乐的整体氛围。

图 3-26　阿莱西"马戏团"系列餐具

2）重点仿生

重点仿生是指在面对复杂环境和对象时，以宏观、微观、剖面等不同视角有重点地对仿生对象进行观察，抓住其典型特征以抽象或具象的表现手法，描绘出事物的主要特质和神韵，使之能够体现出仿生对象的表征意义。

在阿莱西"马戏团"系列产品中，还有五个由阿莱西工坊出品的限量款产品（图 3-27）。在糖果人储糖罐（图 3-28）的设计中，着重模仿了分糖人的头部形态，将人物的面部轮廓、五官、表情和彩绘装饰融入造型设计和功能设计中。例如，将帽子进行夸张、变形、放大，使之成为储存糖果的空间；其次，将鼻子做几何化的提取，以圆形的设计语义，让鼻子成为打开糖果机的功能性按键；另外，运用夸张的手法将分糖人的嘴巴和舌头设计成出糖口和用于盛接糖果的托盘，以重点仿生的手法强调了仿生对象的性格特征，同时实现了产品的功能。在大力士胡桃夹（图 3-29）的设计中，也是通过着重刻画、描绘大力士的手臂特征，强调人物角色力大无穷的特质，并与胡桃夹的功能属性形成联动，使产品的装饰意向和功能意向相互融合。

图 3-27 阿莱西"马戏团"系列限量款产品

图 3-28　糖果人储糖罐

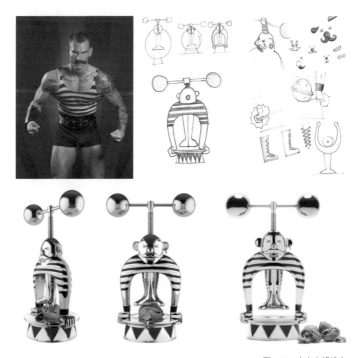

图 3-29　大力士胡桃夹

3）特征仿生

特征仿生是在明确具体的设计目的和方向后，以仿生对象为中心，观察、记录并捕捉其最具特点、不同面貌的局部特征进行设计转化的一种设计方法。在设计过程中，首先要对仿生对象进行从整体到局部、从内到外的深入观察和记录，尽可能详尽、完整、客观、真实和准确地从多角度、多层次记录仿生对象的细节特征。例如，在小丑开瓶器（图3-30）的设计中，设计师对小丑这一角色的服装造型和表演过程中的动态特征进行捕捉，在概括性地提取小丑的人物形象之后，将其肢体的动态特征进行取舍和夸张，使小丑表演中的动态特征与红酒开瓶时的系列动作融为一体，实现特征仿生和使用功能的结合。

4）创作仿生

创作仿生是指在仿生的过程中以客观的仿生对象为素材，对事物的外在形式和内在结构进行深入观察后，以联想、类比、比喻、借喻、重构等方法进行主观创意加工。强调以感性、主观的设计反映代替客观、理性的设计形式，以此获得用户在情感、精神上的共鸣。

在芭蕾舞女音乐盒（图3-31）的设计中，设计师将芭蕾舞者的形象与早期马戏团中常用于表演杂技的动物形象相关联，并将芭蕾舞旋转的动态特征与音乐盒工作原理相关联，通过对仿生对象夸张、比拟重新创造出新的产品形态。

仿生设计的方法很多，在这里仅简单地介绍了较为常用的四种。在具体的设计实践中可以根据不同的产品概念和功能，综合运用这些设计方法进行创意叠加。如在马戏团主餐桌铃（图3-32）的设计中，设计师以特征仿生有目的地对仿生对象的体貌特征进行概括、模拟和抽象化提取，将马戏团主的身体转化为餐桌铃的主要功能组件，以创作仿生的发散性思维描绘出一只饥饿的猴子被马戏团主愚弄不断奔跑的故事场景，使产品形态与功能具有更为丰富的情感表达。

图 3-30　小丑开瓶器

图 3-31　芭蕾舞女音乐盒

图 3-32　马戏团主餐桌铃

第4课
设计与产品语义

20世纪以来，作为多元交叉学科的产品设计得到了符号学、经济学、传播学、心理学等多个相关学科的大力辅助，产品设计开始重新审视人与产品之间的关系，思考"事与物"在设计物的形成与设计创新中的地位与作用。设计关注的对象不再是产品本身，而是产品与人、物、环境、社会、文化之间的联系。

现代符号学研究也表明，任何一个物质产品都是一个具有符号意义的体系。产品设计作为一个综合的研究系统，其形态语言的表达和创造更是以接受者的共同经验为基础而产生的。人类在长期的社会实践过程中，不仅创造了语言和思想的符号系统，还创造了工具和产品的符号系统。随着生活方式的改变，人们不断地更新现有的符号体系，并将自身周围的新事物纳入既有的体系中，这些符号的运用也使产品设计的信息传达得更加科学、准确，表现手法也更为多元化。

1 产品的语义

1983年，美国工业设计协会（IDSA）举办的产品语义学研讨会上正式提出"产品语义学"的概念。研讨会围绕着如何运用造型语言把产品的内部信息和外部信息有效地传达给产品使用者，使两者之间产生对话和交流。为了实现这一目的，设计师不仅需要把产品所要传达给使用者的信息转换成有效的产品造型，还需要将这些造型语言形成使广大用户都能识别、理解的信息和指令。

1）从符号学到产品语义学

符号是一种由人主观创造并能够被普遍认识的、携带意义的感知，是一种形式化语言，是人类感知信息传递的媒介。一般来说符号由两个部分组成：能指和所指。能指是符号的外在形象，是感官可以感受到的部分，如形、色、音等；所指是符号在意识上的指涉，是人类在意指作用中赋予产品的观念、意义等，产品的所指只有在社会约定俗成的基础上才能产生表达意义的作用。

现代产品设计是一个将造型要素重新组合，形成具有约定性的符号系统。用户通过处理这些符号来交流信息、采取行动，而研究这些符号的学说被称为符号学。符号可分为图像符号、指示符号和象征符号三种类型。

图像符号（图4-1）是通过模拟对象的主要特征构成的，用户对其具有直觉上的感知，并可以通过形象的相似性辨认出来。指示符号（图4-2）与所指涉的对象具有因果、邻接、部分与整体等关联，通过将接收者的注意力引向符号对象，从而产生提示功能。如路标以社会约定符号与意义的关系，采用想象或接近对象的共识性符号形成的。象征符号（图4-3）与所指涉的对象间无必然或内在的联系，是人们约定俗成的结果，其所指涉的对象及相关意义的获得都是由长时间多个人的感受所产生的联想集合体，即社会习俗。如天秤代表公正公平、十字架代表基督徒的信仰、♀代表男性等。

符号学的研究主要集中在人的理解与信息的含义两个问题上，其主要功能是将经验形式化并客观地呈现出来，供人们参照、认识和理解。因此，符号学是一种交流的理论方法，目的是建立广泛可应用的交流规则，其研究涵盖文化、艺术、文学、大众媒体、计算机人机界面中的符号和交流方式，参与研究的往往有语言学家、哲学家、心理学家、人类学家、计算机专家、工业设计师、美学家、教育学家等。

20世纪50年代，乌尔姆设计学院将"符号"和"意义"的概念运用到产品设计中，使产品设计突破了传统设计仅对人的物理及生理机能进行设计的局限性，拓宽了原有人机工程学的涉猎范畴，将设计因素深入人的心理层面和精神层面，极大地影响了当代设计的发展。

图 4-1　图像符号

图 4-2　指示符号

图 4-3　象征符号

2）产品语义的概念

符号学主要由语构学、语义学、语用学三大理论体系构成。作为产品语义学的理论基础，语义学和语用学与设计的关联最为紧密，并贯穿于整个设计过程中。从符号学的观点来看，每一件产品都是一种类语言符号和信息的载体，向用户传达着"我是什么""我可以做什么""我怎样使用"等信息。产品语义学倡导设计师通过造型语言的表达（如外形、结构特征、色彩、材料、质地等），在视觉方面形成对产品的暗示，以取得使用者对产品在社会层面、心理层面及使用层面的理解；强调以通俗易懂的操作过程，构成合理的人机界面，使产品的功能更符合使用者的经验、行为特点和操作想象，从而减少使用产品的学习过程。

3）产品语义的类型

产品语义学主要研究的是物体借语义传达信息的过程。语用学与语义的使用环境密切相关，也与设计师对语义的理解密不可分。因此，产品要为人们所理解，首先需要设计师界定语义的内容，借助公认的语义符号，增加符号在造型、材料、颜色等方面对用户视觉的吸引力，以此向使用者传达足够的信息内容，明确操作行为。

根据符号学的观点，产品的语义可分为 8 种形式：功能性语义、示意性语义、象征性语义、关联性语义、情感性语义、表征性语义、美观性语义和质料性语义。

①功能性语义是指产品的实用功能，即设计对象的实际用途或使用价值。产品功能性语义是通过组成产品各部件的结构安排、工作原理、材料选用、技术方法及形态关联等实现的。如不同造型的门把手（图 4-4）示意不同的功能指令：按压、旋转、（左右）拉、（前后）推等。

②示意性语义需要设计师掌握基本的形态语义特征，找到一种能与使用者建立情感关系并传达情感和信息的符号，从而引起消费者在使用方式上的共鸣。如任天堂游戏机手柄（图 4-5）根据人的手持方式，通过界面色彩、符号和产品的结构形成示意性语义引导玩家使用。

③象征性语义需要借用某种具有共识性代表物的隐性含义来表达，可以是具象的也可以是抽象的。一般说来，象征性形态具有识别社会角色和传达特定观念两种功能与形式。如具象的橄榄枝、鸽子有象征和平的语义；抽象的流线型设计往往意指速度等，如雷蒙德·罗维（Raymond Loewy）设计的削铅笔器（图 4-6）等。

④关联性语义常用于表达某些联想和暗示，能产生较深刻、含蓄的意境。关联性语义按与被关联对象的接近程度，可分为显性直接关联和隐性暗喻关联。显性直接关联多为仿生造型，给人以活泼且具有童趣的感觉；隐性暗喻关联则多为抽象造型，借用与已有形的相关、相近、相似、相对的关系，通过间接指涉，潜在地体现出设计者的设计哲学和艺术风格。

⑤情感性语义即产品通过造型传递情感以此取得与用户的共鸣。设计师不仅需要赋予产品人性化的造型、易操作的界面来满足消费者的生理需求，更应通过产品造型体现出设计师对消费者的心理关怀。事实上，能反映情感的形式多种多样，可从人性的、安全的、可爱的、可信的等方面来寻找切入点。如乐柏美儿童安全餐椅（图 4-7）和 OXO 削皮器等，都以其人性化的造型和易操作的界面体现了产品对人的关怀。

图 4-4　门把手

图 4-5　任天堂游戏手柄

图 4-6　削铅笔器

图 4-7　乐柏美儿童安全餐椅

图 4-8　马家窑彩陶

⑥表征性语义是对环境、历史、文化的一种无意识呈现，它能传达出整个民族的、地方的特色和时代精神。例如，我们可以通过研究马家窑出土的彩陶器物（图4-8）推理出当时的社会习俗、生活习惯、审美趣味、经济规模、社会组织情况以及工业化的程度、科技的进展、商品交换模式、原材料的应用模式等。正如乔治·尼尔森（George Nelson）所说，器物是文化遗留在其专属时空中的痕迹。因此，从古至今器物都被文化人类学家、历史学家、考古学家列为重要的研究对象。

　　⑦美观性语义是以美的形式所展现出来的内容，包括功能美、工艺美、材质美、色彩美、结构美、装饰美、舒适美、尺度比例美、和谐美等多种形式。《考工记》记载，"天有时，地有气，材有美，工有巧，合此四者，然后可以为良"，即"材美工巧"中的"材美""工巧"都是美的形式之一。

　　⑧质料性语义是人对产品最基本的感性认识，大多数情况下我们对产品的理解都不会只停留在质料性层面。物质层面是产品更高级意义得以存在的基础，高级意义也需要借助质料性的物质形态得以表现。

2　产品语义的构成

　　产品是人们生活中使用的工具，这一本质属性决定了产品传达的首要信息是产品的功能和使用方式。符号学认为，产品形态的象征含义是人们在大量的生活经验中积累起来的知识财富。因此，设计中不仅需要发挥符号的认知功能，提供从用户角度有效识别语义的表达方式，还需要与用户建立沟通的桥梁，传达自己的思想，创造出产品特有的情感和氛围。

　　日本千叶大学教授原田昭（Akira Harata）在《产品造型与评价》一文中指出，从产品中可以读取两种含义：价值含义和意向含义。价值含义属于明示义，指导产品的使用方式、耐久性等功能导向方面的内容；意向含义属于伴示义，以产品的明示义为前提，指产品外观形态给用户带来的感觉和内涵性意义。

1）明示义

　　产品的明示义是一种理性的信息，是产品通过形态、色彩、结构、材料、位置向用户提供如产品的构造、功能、操作等信息。一般来说，产品明示义需要遵循以下五个原则：

图 4-9　CD 播放器　　　　　　　　　　　　　　　　　　图 4-10　8 英寸电视

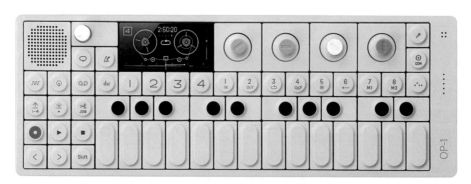

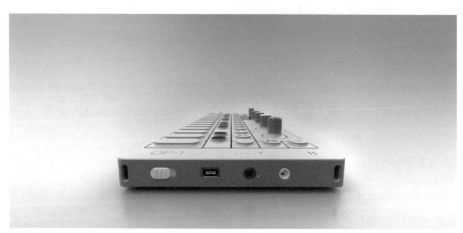

图 4-11　多媒体合成器

①产品语义应遵循人对形状含义的经验，采用具有集体认同性的产品造型符号，让使用者能够对产品的作用、使用功能、规格等参数进行有效的识别。如深泽直人（Naoto Fukasawa）借用排气扇的造型与功能原理设计的 CD 播放器（图 4-9），借鉴有同样功能产品的造型手法，使人们从相似的造型特征中唤起对同类产品功能属性的记忆。

②产品语义应提供方向含义，通过表面空间排布传达操作的层次、顺序和方向。如通过设计功能键的排布方式，提升用户对产品上、下、前、后方位布局含义的理解，如深泽直人设计的 8 英寸电视（图 4-10）。

③产品语义应提供状态的含义。在操作阶段，特别是机械、电子类产品，产品语义应提供包括停止、关闭、运行等信息的反馈。如手机上的电池量提示、汽车的关门声都是用户检验设配状态的反馈。

④产品语义应使用户能够理解其含义的表达方式。由于语言是在长期的社会生活中约定俗成的产物，因此在运用产品语义时要充分考量其文化背景和服务对象对表达方式的认知能力。

⑤产品语义应提供用户操作提示，如放大功能标识符号或使之凸起，以此进行信息强调，鼓励操作。反之，对于需要阻碍操作的信息进行弱化或隐藏，如青少年工程和英国 Sound 科技推出的多媒体合成器（图 4-11）在界面设计中就采用了这一原则。

2）伴示义

如果说产品的明示义是用户对产品功能的刚性需求，那么伴示义则是基于用户感性层面对产品形态的软性需求。产品伴示义是设计师在造型过程中针对用户的需求、感受、想法，在实用性功能之外对产品造型意象的探讨，其形成来自用户对产品色彩、线条、质感、结构及文化所赋予意义的认知，体现的是一种潜在的关系，如产品在使用环境中的心理性、社会性或文化性的象征价值等。

图 4-12 Bang & Olufsen 音箱

图 4-13 爱马仕地球仪摆件

　　产品伴示义的创造是设计师与用户建立情感认同的重要方法之一，要求设计师将历史、文化、审美、安全、品牌、使用环境等有形或无形因素运用到设计中，使用户所需要的心理需求外显于产品形态中。如使产品成为显示身份、地位的途径，以及表达多样情愫的载体和体验多元情感的媒介等。具体而言，产品的伴示义可分为感性层、表意层和叙事层。

　　①感性层是一种反应人与物的浅层关系，是用户基于共同经验对产品造型产生情感性的认知结果，也是对美丑的直接反应和喜恶偏好的直接感受。用户在多次产品语义认知过程中会持续地感受到类似的语义，逐渐形成相对稳定的感性印象和具有异质同构的情感反应符号。例如，人们普遍觉得日本的设计充满禅意、德国的设计趋于理性，这些诸如简洁、柔和、高雅、媚俗等心理感受都是产品符号的视觉形象在联想和想象的认知过程形成的。

②表意层是个性与群体归属的认知结果，其意义的表现可以是一种生活个性、流行风尚或价值观念，也可以是一种身份认同、群体归属或品牌形象。用户通过消费这些产品实现个性、身份的认同，因此具有一定的功利性内涵。同时，内涵性语义的形成需要企业长期、持续、有效的经营与差异化的塑造，才能使产品凝练成特定的形式要素。如 Bang & Olufsen（图 4-12）、爱马仕（图 4-13）、苹果等品牌，不仅体现了产品、经济等外围因素，在消费者心中也成为社会功利内容的表征物。

③叙事层作为一种深层次的含义符号，与用户的教育程度、社会经验和文化感悟紧密相关，从而形成不同的意识形态体验和文化感受，表现出一种自然、历史、文化的记忆脉络。例如，同样是摩托车，韦士柏摩托（图 4-14）与哈雷摩托（图 4-15）所传递的符号语言完全不同，分别代表了意大利和美国一个时代的记忆和生活文化。

图 4-14　韦士柏摩托

图 4-15　哈雷摩托

3 修辞在产品设计语义传达中的运用

在语言学中，修辞作为一种语言技巧，其方法和概念已经逐渐扩展到建筑、产品设计、广告和电影等领域。产品的语言也随着社会对产品造型的理解不断深入，其表达形式可以通过修改原有的语言元素产生新的语义，进而引导用户的联想和情绪的变化。克鲁布兰克艺术学院产品语义学实验室将修辞方式与设计符号语义相结合，以产品的伴示义增加产品与用户的沟通能力，提出了四种相应的修辞格：换喻、提喻、隐喻和讽喻。

1）换喻

换喻是通过符号的邻近性、符合性和关联性传达产品的功能性意义。换喻通常用于设计概念生成的初期阶段，透过对其他领域方法与概念的研究激发设计灵感，找到相关探索性的解决方案。换喻的运用在一定程度上取决于设计者如何将这些灵感抽象化为创新的解决方案。设计者可以在自己经验和联想的基础上，寻找出与功能特性关联的符号载体，用受众熟悉的方式呈现原本抽象的功能意义。

换喻法强调设计概念中特质的象征物与已有元素之间的关系，通过整合、变形或转化与本体建立含蓄且具有明显辨别性的联系。如深泽直人的盐胡椒粉瓶子（图4-16）将拉丁美洲的砂槌乐器在使用过程中的律动与烹饪时撒盐的动作结合起来，通过换喻以一个视觉性的形象来显现概念性的事物，使抽象的功能变得更加具体。

2）提喻

提喻强调通过思维活动以另一个认知域帮助使用者对要表达的对象产生亲切感。提喻可以让设计作品能从表面的视觉提高到深刻的洞察，帮助用户更准确、更深刻、更直接地把握事物的本质。提喻可以采用部分与整体的替代、具体与抽象的替代、种与属的替代、质料与产品的替代来实现。

　　部分与整体的替代可以通过整体替代部分和部分替代整体来简化人们的认知，如三宅一生腕表（图 4-17）用 12 边形代替了手表的时间刻度。

　　以具体代替抽象可以给使用者留下更大的想象空间。如丹麦设计师麦德斯·雅各布·波尔森（Mads Jakob Poulsen）为 Scanwood 厨具公司设计的包装（图 4-18），以具象的形式语言创造出品牌使用天然材料制作及采用环保加工工艺的诉求。

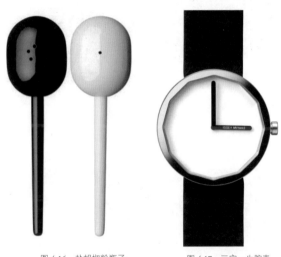

图 4-16　盐胡椒粉瓶子　　　　　　　　图 4-17　三宅一生腕表

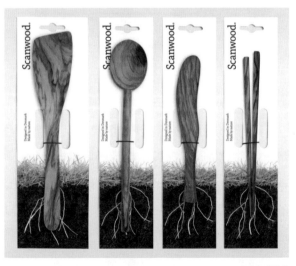

图 4-18　Scanwood 品牌包装设计

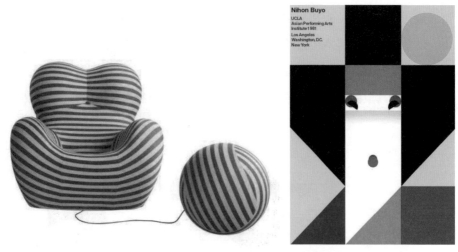

图 4-19　唐娜沙发

图 4-20　日本舞蹈海报

图 4-21　贫民窟椅

　　以抽象代替具体可以更加清楚地表明指代事物的特征和类别。如由加埃塔诺·佩谢（Gaetano Pesce）设计的唐娜沙发（图 4-19），融合了工艺、性别歧视和幽默的元素，将女性丰腴的身体曲线抽象为具有功能性的沙发，搭配球形的脚凳和条纹的表面装饰，让人联想到囚服和早期女性在社会中所处于的从属地位。

种与属的替代包括以种代替属和以属代替种两种方式。以种代替属有以一种替代多种的关系。如由田中一光（Ikko Tanaka）设计的日本舞蹈海报，以日本最具代表性的表演艺术艺妓（种）指代日本舞蹈的类别（属）（图 4–20）。

质料与产品的替代是以实现认知域的变化为目的提升用户对产品的理解。如在语言表述中人们常用"布衣"指代平民，用"绫罗绸缎"指代达官贵人。在产品设计方面，坎帕纳兄弟（Campana Brothers）设计的贫民窟椅（图 4–21）用杂乱的小木块拼合而成，意指巴西贫民窟的混乱和无序。

3）隐喻

隐喻有"意义的转换"的意思，通过产品造型要素间接说明产品本身内容以外的潜在关系，而产品本身只不过是心理性、社会性和文化性等象征价值的载体。隐喻的实质是把两个认知上具有关联性的事物放在一起，并对其相关性加以理解。

隐喻常用于早期的问题表达和分析阶段，有助于向用户交流特定的信息并形象地表达产品的意义。如坎帕纳兄弟希望通过"穿越塑料"系列座椅（图 4–22）呼吁人们关注生态环境的平衡问题。巴西藤椅由一种在巴西树林中可以让树木窒息的藤蔓制作而成。由于价格低廉的塑料椅使藤椅的制造与销售几乎

图 4-22　"穿越塑料"系列座椅　　　　4-23　"穿越塑料"系列扶手椅

停滞,因此没有人再去采集藤蔓制作家具,导致巴西大量树木枯萎。"穿越塑料"系列旨在抨击人造塑料制品设计的"殖民化"。该系列中为纽约库珀·休伊特设计博物馆制作的扶手椅(图4-23),以编织紧密的藤蔓材料和各类塑料制品组合在一起,隐喻自然的力量正在吞噬塑料垃圾,体现自然在人造物面前表现出的应变能力。

4)讽喻

讽喻可理解为话语中的掩饰语或伪装语。讽喻设计往往会采用夸张甚至对立的替代方式,有意地颠覆用户对一种产品的惯性印象和体验,以双重编码传达出高度玩笑性、娱乐性甚至戏谑性的意义。采用讽喻形式的产品设计,用户可在第一时间内掌握部分寓意,而另一部分隐含讯息往往才是设计者最想表达的关键信息和真实的设计意图。因此,讽喻可以为设计带来深度的异质性。例如,由法国设计师菲利普·斯塔克为Flos公司设计的枪灯(图4-24),金色的手枪造型象征着隐藏在战争背后的真正目的——金钱,而黑色的灯罩则象征死亡。通过讽喻修饰使产品的影像意境和间接含义的传达更具力量,描绘出社会变革所牵涉的议题与问题。

图 4-24 枪灯

图 4-25 手榴弹油灯

讽喻也可作为一种幽默的形式，通过改变对物品的整体认知打造其全新的面貌，传达出与产品本身无关的轻松氛围和趣味性。如皮特·胡登波斯（Piet Houtenbos）的手榴弹油灯（图 4-25），将废弃手榴弹改造成填充式油灯，将带有严肃意涵的战争象征物变为点亮桌面的装饰物，呈现出新的美学风格。

4　产品语义学的外延

产品语义学强调掌握用户在认知和使用产品时的视觉理解过程和在操作使用时的本能动机及以行动为目的引起的动机。行为与信息是联结人与物、人与外部环境之间的纽带。美国设计公司 IDEO 的人因设计主管简·富尔顿·苏瑞（Jane Fulton Suri）提出，应用行为观察法去发掘分析人类日常生活中的无意识行为，可在设计开发期对用户行为特点分析提供重要参考。

1）从产品语义学到设计心理学

奥地利心理学家、精神分析学派创始人西格蒙德·弗洛伊德（Sigmund Freud）把人的意识分为意识、前意识、无意识三类。其中无意识是一种潜意识行为，是一种习惯性的、偶然的、瞬时的反应，而这种没有被意识察觉到的活动占据了人类日常行为的大部分。

在此基础上，深泽直人提出了无意识设计的概念，他主张探究无意识的核心，追求直觉化的设计，并考虑通过无意识设计赋予产品文化内涵，满足用户对产品的隐性需求。唐纳德·诺曼（Donald Norman）也认为无意识行为是一种模式匹配的过程，行为的发生与人们以往的认知模式和记忆有关。不假思索的无意识行为常常会导致一些操作上的失误，倡导探索无意识行为的设计方式，避免使用过程中的人为失误。

2）无意识设计的概念

无意识设计也称直觉设计，旨在把无意识的行为转变为可见之物，倡导设计不应成为改变人们生活方式与习惯的工具，增添人的适应负担，而是一种以服务于人、满足人的需要而产生的设计行为。无意识行为的研究主要体现在色彩、形状、语义等方面的运用，通过对先前经验和行为习惯的合理利用，让交互方式自然合理，为提高产品操作体验和情感体验提供直接准确的参考。

3）无意识设计的方法

无意识设计是对人类潜意识行为的应用研究，反映在具体的设计中是一个"无意识（生活体验）—有意识（总结生活体验）—无意识（设计体验）"的过程，强调在了解用户的无意识参与过程之前，做好有意识的计划。也可以说，无意识设计的巧妙之处在于不被察觉的细心周到和完美的心理引导，具体体现在：

①对细节与情感的关注。以现实生活中用户的实际需求来做设计，通过问题情境将设计细节和情感关怀融入产品造型，将用户的无意识行为化为具体的、可感知的造型。如深泽直人为无印良品设计的电饭锅（图4-26），将电饭锅的顶部设计成平面，并在上面加入一个类似于筷架的凸起，用户在合上电饭锅的同时会习惯性地将饭勺放到上方，以此实现产品的功能。带有凹槽的雨伞（图4-27），设计师在雨伞的把手上加上凹槽，使物品挂在把手上时不易滑落。设计师将生活中观察到的行为细节融入现有产品中，给用户带来更多的便利。

②以简约的方式将产品与环境融为一体。无意识设计强调物品之间的关联性，通过对细节的挖掘让产品与环境相和谐。例如，带有托盘的灯（图4-28）其概念来自人在特定环境中固有的行为习惯，将托盘与灯关联，根据用户放置物品的行为习惯，在灯的下方设计托盘，托盘感受到物品的重量后灯自动点亮，取走物品后灯自动熄灭，有效地减少了人们的操作行为。

图 4-26 无印良品电饭锅

图 4-27 带有凹槽的雨伞

图 4-28 带有托盘的灯

图 4-29 带有垃圾桶的打印机

　　为爱普生设计的带有垃圾桶的打印机（图 4–29）也采用了相同的设计理念，打印机附近时常会有一些废弃的文件，人们会下意识地寻找垃圾桶，设计师将打印机和垃圾桶关联起来，很好地解决了人们的潜在需求。

第5课
产品设计与材料

材料就像肌肤，包裹着产品的内部构造，是使用者与产品接触的界面。在设计领域，材料与造型相辅相成，材料是设计的载体，设计是材料的体现。一件产品的诞生是设计师将材料与造型彼此渗透并取得的一致结果。产品设计的过程就是一个利用适合的材料、合理的技术创造理想产品的过程。

1　CMF 设计研究

CMF 设计是产品设计中的一个新兴学科，是创造产品与用户之间情感的消费型设计实践，其目的是赋予产品外表美的品质。CMF 设计从色彩、材质、工艺、图纹等多维度、多元化的设计触发点，实现了产品的快速更新，弥补了常规企业依靠工业设计促进产品迭代速度较慢的竞争问题。

1）CMF 设计的概念

CMF 是由"Color"（色彩）、"Material"（材料）、"Finishing"（工艺）三个单词的首字母组成的。在当代 CMF 设计中，"Pattern"（图纹）已成为整体设计中不可分割的组成部分，因此今天的 CMF 设计研究涉及色彩、材料、工艺和图纹四个领域。

　　色彩（图5-1）是人类视觉感受中最直观的部分，通过色相、明度、纯度等要素进行对比和调和，可以形成对固有形态的视觉分割，强化产品结构和功能的分区，丰富产品的语义表达。

图 5-1　色彩

　　材料（图 5-2）是产品实现的物质载体，对产品的工艺、色彩、性能等产生影响，决定了可适用的工艺与可实现的色彩。不同材料所能实现的表面处理工艺可以使产品获得完全不同的视觉表现力。新材料的应用与传统材料的新应用都为 CMF 设计提供了更广阔的空间。

图 5-2　材料

工艺（图 5-3—图 5-5）是产品成型及外观效果实现的手段，包括成型工艺和表面处理工艺两大类。成型工艺是产品构建成型的基础，决定了产品的形式，如注塑、铸造、冲压等不同的成型工艺塑造了不同的产品造型。表面处理工艺承载着产品的外观效果，是在基体材料表面人工制造一层与基体的机械、物理和化学性能不同的表层工艺。表面处理工艺的目的是满足产品的耐蚀性、耐磨性、装饰或其他特种功能要求。

图 5-3　皮革剪裁工艺

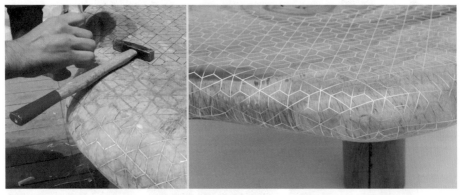

图 5-4　几何镶嵌工艺

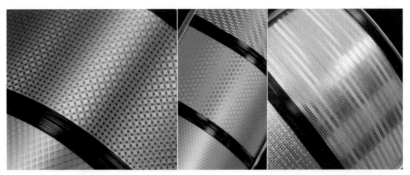

图 5-5　铝合金表面处理工艺

图 5-6　柳条编织装饰性图纹

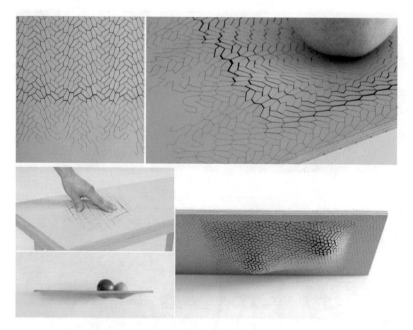

图 5-7　软木板功能性图纹

图纹是产品最为直观的设计语言，主要包括装饰性图纹（图 5-6）和功能性图纹（图 5-7）。

材料是 CMF 设计研究的基础，工艺是手段，色彩是情感，图纹是语言，由色彩、材料、工艺、图纹构成的 CMFP 设计是建立在大工业批量化生产基础上的设计行为，重点关注产品外表与消费者心理认同的美学价值，以深层次地提升设计符号的含义和视觉体感为主要研究方向的一门新兴学科。

2）CMF 与产品设计

常规的产品设计是以产品基本功能和外观造型为主的设计活动，关注的主要是人与产品之间的物质关系，例如产品操作的易用性、实用性、高效性等。基于 CMF 的产品设计可分为新型产品的 CMF 设计、迭代型产品的 CMF 设计和 CMF 趋势设计。

图 5-8　凌美宝珠笔

图 5-9　斯麦格冰箱

　　新型产品的 CMF 设计是指企业开发的第一代产品，其 CMF 设计是产品功能、结构和造型的延续，在设计定位上是一种附属关系。产品的核心竞争力主要在产品的新功能和新造型上。

　　迭代型产品的 CMF 设计是指在企业已经上市的成熟产品中，在功能、结构和造型不变的情况下，在原有 CMF 设计的基础上升级或迭代。对于这一类产品，有效的 CMF 再设计可以延长迭代产品的生命周期。通过推出不同颜色和材质的版本来满足用户的个性化需求，如凌美宝珠笔（图 5-8）、斯麦格冰箱（图 5-9）、大众甲壳虫汽车、佳能"你好色彩"系列相机等。

　　CMF 趋势设计是优先于产品的 CMF 设计，也称预测性 CMF 设计。CMF 趋势设计不受现有产品定位和价位的限制，不要求在短期内完成量产，因此不存在过多商业方面的压力，属于概念性设计范畴；在设计中更注重引领性，在创意上注重突破性，属于前瞻性和探索性设计。

CMF 趋势设计包括技术趋势（图 5–10）、设计趋势（图 5–11）和社会趋势（图 5–12、图 5–13）三部分。通过对过去和现在的信息分析，找出未来潜在的市场趋势和需求走向，设定未来产品方向，使产品掌握竞争优势。

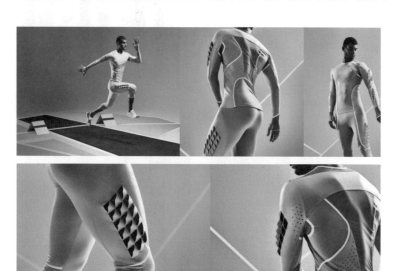

图 5-10　液态无纺布材料

图 5-11　色彩与光泽

图 5-12　传统工艺的复兴

图 5-13　废旧材料的可持续设计

2 可持续设计研究

产品的制造过程会排泄大量的有害气体、液体和工业废料，大量不可降解、用废即弃的人造垃圾正污染着人类赖以生存的环境，引发气候变暖等一系列环境问题。1971 年出版的《为真实世界的设计》指出，"设计已经成为最重要的工具，人类用它影响环境、社会甚至自身"。生态的重要性促使设计师、制造商和出品方在实践中遵循环保理念和可持续发展的原则，倡导材料的可修复和精细化使用，反映了社会对设计系统化的新需求。

1）可持续设计的概念

可持续设计是从可持续的角度解决人类所面临的环境问题，是一种构建及开发可持续解决方案的策略设计活动，其概念不仅包括环境与资源的可持续，也包括文化、社会、经济和科技等方面。

2）可持续设计的原则

罗尔夫·萨克塞（Rolf Sachsee）指出："环境保护要求设计用全流程的方式来构思，在最初的创意阶段就要考虑到作品的凋零。"在产品设计开发的初期，好的设计决策可以通过材料的选择、产品的拆解、可回收性等方面，将产品对环境的影响控制或降低到最小化。

可持续设计的过程包含对产品产生的碳足迹评估以及产品生命周期的评估。碳足迹是指一个产品造成的温室气体排放总量，通常以二氧化碳的排放总量来衡量。生命周期的评估则是指对一个既定产品给环境带来的影响进行调查和评价，包括其在整个供应链中可能对环境产生的影响，以及其是否符合企业所制订的可持续发展目标。在可持续设计中，产品的废弃物以减少原料、重新利用和物品回收的"3RS"原则进行分级，其目标是提倡设计中优先考虑预防性策略和缩减性策略，其次采用重复利用、回收利用的方法，尽可能减少能源回收和废弃物处置方案的使用。

图 5-14　花园长椅

图 5-15　树干长凳

　　荷兰设计师尤尔根·贝（Jurgen Bey）设计的花园长椅（图 5-14）和树干长凳（图 5-15）均采用了 "3RS" 原则。产品以公园现有的杂草、落叶、树干等自然废弃物材料与树脂、回收家具相结合，形成具有实用性功能的座椅；以设计创新缩减了工序繁多的材料加工、生产制造、交通运输等，让设计回到最原始的阶段。

3）现代设计的社会责任

自 20 世纪以来，人们逐渐意识到环境污染和世界自然资源快速消耗的问题。从时装、汽车、家居产品到建筑领域，设计师纷纷采取行动使资源消耗的速度减慢，寻求制造和建造可选择性设计的其他途径。

材料的有效回收主要取决于消费者和废弃物处理服务。废弃物处理必须明确材料的类型及不同材料的处理方法。由美国塑料工业协会制定的塑料制品种类标识代码（图 5-16），将三角形的回收标记附于塑料制品上，并用数字 1—7 和英文缩写来指代塑料所使用的树脂种类，消费者可以明确产品的材质及适用的环境和方法，同样回收人员无须费心地学习各类塑料材质的异同就可以简单地加入回收工作。2009 年，可口可乐公司推出 100% 可回收的植物环保瓶（图 5-17），目前已在全球 25 个国家投放了 150 亿个，相当于减少了 26 万吨二氧化碳排放。

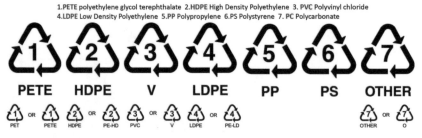

图 5-16　塑料制品种类标识代码

图 5-17　可口可乐植物环保瓶

图 5-18　"TransNeomatic" 系列产品

100%

图 5-19 宜家实现木材来源 100% 可持续目标

材料是设计师创意的源泉。设计师对消费品的再造、对废弃物的转化和当地资源的整合，不仅可以复兴优秀的传统文化和工艺，而且可以把人类长期的实践经验与现代设计趋势重新连接起来。坎帕纳兄弟的设计作品 "TransNeomatic"系列（图 5-18）通过产品设计将当地的手工艺人聚集起来，探索传统的编织技术和综合材料的应用，以设计赋予废弃物品新的生命，以及人造物和有机物之间的和谐共生。

随着大量设计团体和设计师投入可持续的设计研究中，这些行为也驱使企业和品牌采用可持续发展的生态行动和有责任感的制造方式去开发产品。宜家作为零售业最大的木材使用商之一，倡导尽可能合理地利用木材，并按照可回收或者森林管理委员会（FSC）的认证标准，让木材的来源可持续。2017 年，宜家实现了木材来源 100% 可持续的目标（图 5-19），并且这些木材来源国都一直致力于森林管理事业。

3 以材料驱动的产品设计

材料和生产技术上的科技创新，对设计师和设计作品都产生了深远的影响。自两次世界大战以来，伴随着德国、英国、美国在航天、汽车和医疗等领域的研发成果，科技与加工技术都经历了飞跃性的发展并引领了工业革命的到来。设计界也得益于这些技术的创新，制作出一个个全新的产品形态。如 19 世纪末利用蒸汽技术加工而成的曲木家具，20 世纪 20 年代以金属加工、折弯技术制作而成的钢管家具，以及 50 年代随着化学工业的发展带来的一大批色彩绚丽的塑料制品，无不体现了材料、工艺与科技发展对产品设计的影响。可以说设计史也是一部材料发展史。正如建筑师巴克敏斯特·富勒（Buckminster Fuller）所言："发明通常以 25 年为一个循环，每隔 25 年，相同的材料就会更新，会有更有效的方法可以运用。"科技的发展促进了产业的进步，推动了工业产品的发展以及新材料、新工艺的产生，唤起设计师们无限的想象力，也给产品设计带来了巨大的变化。

1）木材

木材作为传统的天然材料，长期被人们所使用，其特有的多孔性、各向异性、湿胀干缩性、燃烧性、可再生性、可生物降解性、加工能耗小等优质属性，一直在建筑、家具、包装、铁路等领域发挥着巨大的作用。

在产品设计中，1859 年生产的索奈特 14 号椅（图 5-20）是迄今为止最为成功的木质产品之一。19 世纪 50 年代，迈克尔·索奈特（Michael Thonet）利用蒸汽技术对硬木进行弯曲实验，这项以蒸汽熏蒸、层压定型、中层外移的弯曲法被称为索奈特弯曲法。随后，索奈特积极开发木材加工必需的设备，集中建设可批量化生产家具的工厂等，其经营决策体现出工业革命时期"新技术"和"新艺术"两个重要因素的结合，使曲木工艺不仅成为技术发展史上的一次巨大革命，更开创了以机器代替手工劳动的时代，使家具生产的标准化、系列化、批量化成为可能。

软木也称木栓、栓皮，是植物茎和根加粗生长后的表面保护组织，软木可以在采收之后自然再生，采收过程不会对树造成伤害。软木作为一种可再生的自然资源，质地轻软，具有良好的弹性、密封性、隔热性、隔音性、电绝缘性和耐摩擦性，同时具有无毒、无味、防腐、比重小、手感柔软、不易着火、可回收、加工时对环境无害等优点。

软木皮作为一种优质的材料，在古埃及、古罗马时期就已经被用来制造渔网浮漂、鞋垫、瓶塞等。2004 年，英国设计师贾斯珀·莫里森（Jasper Morrison）将废弃的软木块余料研磨、黏合、压缩、切割成型的"软木家族"系列家具（图 5-21），呈现出软木天然的斑驳纹理和柔软的触感。

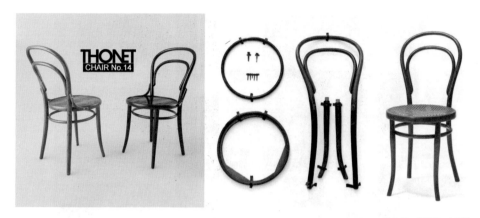

图 5-20 索奈特 14 号椅

图 5-21 "软木家族"系列家具

2020 年英国设计师汤姆·迪克森（Tom Dixon）推出了一系列由软木制成的家具（图 5-22）。软木经过烧焦处理并与少量聚氨酯树脂混合（93% 的软木与7% 的树脂），解决了部分软木颗粒脱落的问题。圆润的边缘通过数控铣床制造出来，降低了人为对材料的撞击和破坏性，切割部分的软木也可以被重复利用形成新的复合块。

图 5-22 软木系列家具

2) 金属

金属是指具有光泽、延展性、易导电、易传热等性质的材料，如金、银、铜、铁、锰、锌等。合金是由两种或两种以上化学元素，且其中至少有一种是金属元素所组成的具有金属特性的物质。

　　19 世纪 60 年代后期，钢铁制造业飞速发展，金属材料给设计师们提供了更广阔的设计空间。1919 年，包豪斯设计师马歇尔·拉尤斯·布劳耶（Marcel Lajos Breuer）在德国曼内斯曼公司的帮助下，率先将金属加工技术应用于家具设计中，革新性地采用冷拉钢管焊接的方式制作出历史上第一把钢管椅——瓦西里椅（图 5-23）。1926 年，荷兰建筑师马特·斯坦（Mart Stam）将建筑空间中立方体的概念和悬梁臂概念引入家具设计中。通过标准化型材中的十个连接件连接十根煤气钢管，创造出第一把悬臂椅（图 5-24）。

图 5-23　瓦西里椅

图 5-24　悬臂椅

图 5-25 "Baby Boop" 系列餐盘   图 5-26   削皮刀

钢是一种合成金属，是对含碳量介于 0.02% ~ 2.11% 的铁碳合金的统称。金属合金作为现代的象征在 18 世纪末就已出现，直至 20 世纪才被广泛运用于家居设计领域。其中，最具代表性的是不锈钢和铝。由于绝大多数不锈钢制品有较好的耐腐蚀性和耐热性，因此在餐具设计中的应用十分广泛。例如，罗恩·阿拉德为阿莱西公司设计的 "Baby Boop" 系列餐盘（图 5-25）及削皮刀（图 5-26）等。

铝是一种银白色轻金属，质地坚硬，具有良好的延展性，是产品设计中使用最广泛的金属之一。铝的成本较低，也利于回收，因此在许多器具制造方面替代了钢的使用。1930 年，意大利比乐蒂公司出品的摩卡咖啡壶（图 5-27）就是由铝材制成的。

1908 年，美国铝业公司研制出首款铝合金材料并创造了挤压机淬火工艺。1965 年，高强度铝合金被研发出来，其密度小、重量轻、美观、耐久性好、易于养护和加工等优点被广泛运用到军事、航空、生活、科技等领域。1999 年，马克·纽森为丹麦品牌 Biomega 设计了一款铝合金自行车（图 5-28）。车身采用一体成型铝加工工艺，以铝合金片挤压成型的方式制作出具有复杂截面的产品构件，使车身主要部件一体化，减少了加工的工序和生产成本，也简化了产品拆卸、组装的流程，使产品线条更流畅、体量更轻盈。

图 5-27　摩卡咖啡壶　　　　　　　　　　　图 5-28　铝合金自行车

Materials
The first Mac made with
100% recycled aluminum.

Introducing an aluminum alloy created by Apple that delivers the same strength, durability, and flawless finish — without mining any new aluminum from the earth. It's designed to use shavings of recaptured aluminum that are re-engineered down to the atomic level. The result is an enclosure as incredibly beautiful and strong as any we have made, and the greenest Mac ever created.[1]

47%

lower carbon emissions compared with previous generation[3]

6000 series aluminum for strength and durability

图 5-29　MacBook Air

　　鉴于地球正面临气候变化和环境退化的威胁，材料学家与企业也致力于优化铝材的生产流程和可持续发展。2018 年，苹果公司率先推出由 100% 可回收铝合金制成的 MacBook Air（图 5-29）。苹果公司 2020 年环境进展报告指出，将优先采用以水电而非煤炭这类化石燃料冶炼的铝材，通过重新设计生产工序，研制出一种可兼容杂质的再生铝合金。这些举措也使苹果公司在生产制造过程中的相关碳排放指数缩减了 63%。

3）塑料

　　塑料是一种高分子聚合物，由合成树脂及填料、增塑剂、稳定剂、润滑剂、色料等添加剂组成。塑料以其优良的化学稳定性、易加工、色彩丰富、价格低廉等优势彻底改变了设计界。表面效果极佳的聚乙烯（PE）与具有高透明度的聚碳酸酯（PC）和聚氨酯（PU）等轻质、高强度的塑料不断出现，为设计的创新提供了有利的条件。

　　1960 年，丹麦设计大师维纳·潘顿（Verner Panton）与 Vitra 家具商合作制造出世界上第一把由塑料一次模压成型的单体悬臂椅——潘顿椅（图 5-30），成为当时唯一使用单一材料制成的、可批量生产的现代家具。然而好景不长，1979 年，由高弹性聚氨酯泡沫塑料制成的潘顿椅因不耐用、易老化等原因被迫停产。20 年后，随着材料科学的不断进步，由聚丙烯（PP）生产的潘顿椅重新上市，它不仅保留了原有的极具雕塑感的造型，还拥有更轻质、更绚丽的体量和色彩。

　　20 世纪 60 年代，塑料主要采用压模成型工艺。为了便于后期脱模，产品形态多以曲面为主，极大地助长了流线型设计风格的热潮，并使塑料成为现代时尚的代名词。现代主义风潮也极大地推动了塑料在生活日用品、时装配饰以及家居中的使用，其中最具代表性的有美国特百惠（图 5-31）、瑞士钟表品牌 Swatch（图 5-32）和意大利家居品牌卡特尔。

图 5-30　潘顿椅

图 5-31　特百惠餐盒

图 5-32　Swatch 腕表

图 5-33 玛丽椅

图 5-34 不可能先生椅

20 世纪 70 年代，以塑料家居享誉世界的卡特尔公司进行了一系列聚氨酯材料成型方法的研究。80 年代开始，公司 CEO 克劳迪奥·卢蒂（Claudio Luti）邀请众多知名设计师参与到聚碳酸酯等高科技合成塑料的产品开发中。1998 年，菲利普·斯塔克设计出第一把由透明聚碳酸酯制成的玛丽椅（图 5-33），开创了旋转模塑成型在材料加工中的革命。2008 年，菲利普·斯塔克采用双壳体结构及钢制模具滚压成型技术，通过全自动化生产方式，以激光将两个不同颜色的聚碳酸酯塑料薄壳拼合在一起，设计出不可能先生椅（图 5-34）。

4）织物

织物是由众多细小、柔软的长纱线以交叉、绕结、连接的方式形成平整、柔软并能保持稳定的形态和特定的力学性能的块状材料。最早的纺纱和有序的织造大约始于 6 000 年前，人们使用梭穿插纺纱，织成梭织类织物。得益于新型材料、机械制造、机电动力控制等现代工业的发展，近 100 年纺织业才得以全面工业化。

20 世纪纤维的发明为纺织行业带来真正意义上的革命。纤维可分为天然纤维和化学纤维两大类。涤纶是目前发展最快、产量最大的化学纤维之一，是以高分子化合物为原料制作而成，具有优良的弹性和回复性，但遇热易变形，易产生静电，耐磨性、耐热性、吸湿性及透气性较差。日本服装设计师三宅一生（Issey Miyake）在受热定型效果较好的涤纶面料上进行热压褶皱，开发出具有永久褶

图 5-35　三宅一生褶皱系列海报

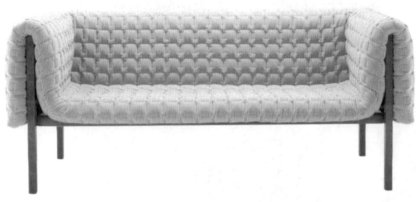

图 5-36　绉领沙发

皱效果的面料,独特的面料肌理使三宅一生的服装具有极高的辨识度(图 5–35)。

　　织物有着广泛的应用空间,涉及服装设计、面料设计、家具设计、家用电器等众多领域。如法国设计师英嘉·桑贝(Inga Sampe)设计的绉领沙发(图 5–36)、坎帕纳兄弟以回收织物材料制成的寿司椅(图 5–37)、斯麦格牛仔布料冰箱(图 5–38)等,都是织物在产品设计中极具代表性的作品。

图 5-37　寿司椅

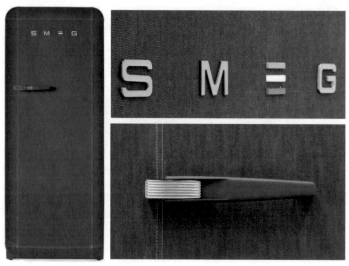

图 5-38　斯麦格牛仔布料冰箱

5）皮革

皮革和织物有许多相似的特性，如可剪裁、塑形、编织、缝纫、穿孔、粘贴等。皮革与实木也有许多共性，如经过长时间的使用和适当的保养会出现包浆现象。在皮革表面加上保护层后，皮革抗晒能力增强，可以制作成户外坐具。

皮革按材质可分为真皮、再生皮、人造革和植鞣皮。在真皮材质中，品质最好的是全粒面革，其次是半粒面革、轻修面革、重修面革。全粒面革也称头层皮，有较强的舒适度，质地柔韧，经久耐用。例如，法国设计师皮埃尔·保兰（Pierre Paulin）用头层牛皮与镀铬钢架制作成蝴蝶椅（图 5-39）。价格适中的修面革（也称光面皮）是对原料表面做了整饰处理，改变了其原有的肌理再压出粒面纹。例如，荔枝纹就是在山羊皮或小牛皮的表面印压出的纹理。

图 5-39　蝴蝶椅

图 5-40　花束椅

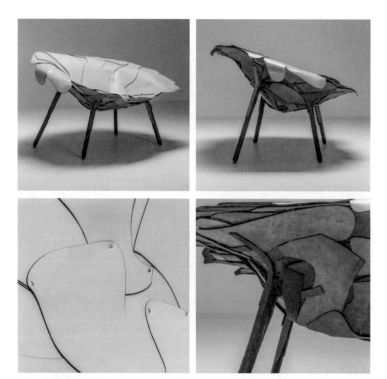

图 5-41　布袋莲扶手椅

　　麂皮可分为动物麂皮和人造麂皮。动物麂皮常采用猪皮、牛皮作为原料，制作工艺是将皮的反面做磨砂处理，使皮革表面有密集、纤细而柔软的短毛，产生如丝绒般的触感，因此也称绒面革。20 世纪 70 年代，人们逐渐以涤纶、锦纶、腈纶、醋酸纤维等为原料制作绒面革，即人造麂皮。人造麂皮克服了动物麂皮遇水收缩变硬、易虫蛀、缝制困难等缺点，具有质地轻软、透气保暖、耐穿耐用等优点。例如，由吉冈德仁（Tokujin Yoshioka）设计的花束椅（图 5-40），将彩色麂皮折叠缝制成花束的形态，并将其覆盖、缝制在玻璃纤维壳体内，使花束椅具有柔软的触感。

　　植鞣皮是指用铁杉树皮和橡树皮等植物鞣料以古法鞣制而成的皮革。古埃及出土的文物中已使用植鞣技术。植鞣皮以栲胶作为主要鞣剂，是一种天然的环保材料，其表面无须进行涂饰。随着使用时间的增加，皮革本身的粒面和光泽会更加柔和透亮，如坎帕纳兄弟设计的植鞣皮布袋连扶手椅（图 5-41）。

6）纸材

　　纸材是指将原始纤维经过一系列工序整合而成的材料，包括木纤维、棉纤维、亚麻纤维、藻类纤维、桑皮纤维、废旧衣物纤维等。其主要工艺过程是碾压和轧制纤维碎片与水混合生成纸浆，最后将积淀而成的纸张进行加压、加热，去除多余水分形成纸材。

　　瓦楞纸具有成本低、质量轻、加工易、强度大、印刷适应性强、储存搬运方便等优点。20 世纪 60 年代，美国建筑师弗兰克·盖里（Frank Gehry）设计的皱褶椅（图 5-42）创造性地采用了堆叠、粘合的方式，将纸板组合成坚固耐用的块状物，然后胶结模压成型。用瓦楞纸制作而成的椅子具有雕塑般的造型且经久耐用，为纸板这一日常材料带来了新的美学维度。

　　1951 年，雕塑家野口勇（Isamu Noguchi）受邀振兴日本传统工艺手工纸灯。他以电灯代替蜡烛，以日本和纸设计制作出 200 多款纸灯，并命名为"Akari 灯光雕塑"（图 5-43），使日本纸灯有了更广阔的使用空间。和纸以日本特有的雁皮树为主要材料，制作时需要技师在低温冰冷的水中反复浸泡树皮，才能最大限度地发挥自然原料的强度和韧性。在长达 1 300 多年的制造历史中，和纸以其寿命长、手感好、质地薄、坚韧柔软的特性，被广泛应用于世界文物修复领域。2014 年，日本传统手抄造纸技术入选联合国教科文组织非物质文化遗产名录。

　　在欧洲，用纸创作灯具的还有被誉为"灯光诗人""造灯者"的德国设计师英葛·摩利尔（Ingo Maurer）。摩利尔将日本传统制灯工艺应用到现代灯饰的设计中，形成了以纸为主要原料的系列作品，如 Lampampe、Kokoro（图 5-44）、Zettel'z（图 5-45）等。

图 5-42　皱褶椅

图 5-43　Akari 灯光雕塑

图 5-44　Kokoro

图 5-45　Zettel' z

7）玻璃

玻璃是由二氧化硅、碳酸钾、碳酸钠、石灰石等金属矿物质混合后，经 1 200 ℃高温烧制而成的。玻璃在高温加热后呈液态、冷却后呈固态的特性，为设计探索新的生产加工工艺提供了无限的可能。目前，已实现工业化处理液态玻璃的方法主要有吹制法、铸造法和挤压法。其中，玻璃的吹制、热熔、失蜡法和镶嵌工艺至今仍以手工操作为主。在玻璃装饰工艺方面，目前比较常见的有切割、雕刻、喷砂、酸烛、彩釉和镀银等。

19 世纪初，法国玻璃制造商巴卡拉在玻璃配方中加入超过 24% 的氧化铅，研制出具有天然水晶般清澈质地的玻璃，将其命名为"水晶玻璃"。2009 年，巴卡拉与西班牙设计师亚米·海因（Jaime Hayon）合作推出"水晶糖果"系列（图 5-46）和"水晶动物园"系列（图 5-47）作品。以动植物的形态探索水晶玻璃精密的切割工艺与彩色雕刻、镶嵌等手工艺技术，开创性地将水晶玻璃与陶瓷相结合，将透明材质的灵动与不透明材质的温润融合在一起，呈现出巴卡拉深厚的工艺技术。

钢化玻璃也称强化玻璃，同等厚度的钢化玻璃的抗冲击和抗弯强度是普通玻璃的 3~5 倍，但钢化后的玻璃不能再进行切割和加工。因此，需要在钢化

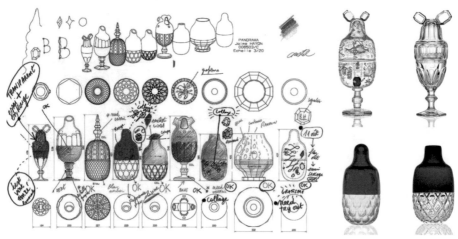

图 5-46 "水晶糖果"系列产品

图 5-47 "水晶动物园"系列产品

图 5-48 康宁玻璃应用于智能手机屏幕

前完成对玻璃形状的加工，再进行钢化处理。康宁玻璃（图 5-48）是一款环保型铝硅钢化玻璃，20 世纪 60 年代主要应用于具有防弹功能的特种玻璃和直升机的防风面板，目前主要应用于智能手机屏幕、液晶电视、电脑显示器和笔记本电脑的玻璃基板。康宁玻璃自 2007 年推出以来，已发展到第五代产品，已经在全球超过 45 亿台电子设备中得到应用。

8）陶瓷

陶瓷是陶器和瓷器的总称，传统陶瓷泛指黏土类陶瓷，以黏土、长石、石英为主要原料。经过高温烧制而成的陶瓷，其性能取决于这三种原料的纯度、粒度与比例。黏土具有优良的韧性，常温遇水可塑，微干可雕，全干可磨。黏土高温烧至 700 ℃可制成陶质储水容器，烧至 1 200 ℃可瓷化，具有不吸水、耐高温、耐腐蚀等优点。

骨瓷是在球状黏土、高岭土中混入 35% 的动物骨粉制成的。英国品牌韦奇伍德在各类骨瓷产品中添加了 51% 的动物骨粉，使瓷器不仅具有良好的保温性和透光性，同时质地更加坚硬，不易碎裂。骨粉添加的比例不仅会直接影响骨瓷的特性，更是制瓷工艺技术的体现。1775 年，韦奇伍德设计生产的"浮雕玉石"系列（图 5-49）直至今日仍是世界上最珍贵的装饰作品之一。

2017 年，英国设计师李·布鲁姆（Lee Broom）与韦奇伍德联名推出以经典的"浮雕玉石"系列为灵感设计的限定家居产品（图 5-50），以传统手工技术制作完成，在造型上抛弃了品牌的古典装饰风格，以当代鲜艳的色彩、光泽的纹理和时尚的方式致敬英国设计。

现代陶瓷也称先进陶瓷、精密陶瓷、工业陶瓷，其制造工艺突破了传统陶瓷以黏土为原料的界限，以氧化物、氮化物、硅化物等为主要原料，精确控制化学组成、显微结构、晶粒大小，按照便于进行结构设计及制备的方式进行加工制造。现代陶瓷具有优异的热学、电子、磁性、光学、化学及机械性能，因此被大量运用于智能产品和时尚家具产品中，例如 iWatch（图 5-51）、宝格丽的陶瓷珠宝等都是以现代陶瓷作为主要材料制作而成的。

图 5-49 "浮雕玉石"系列骨瓷

图 5-50 "浮雕玉石"系列限定家居产品

图 5-51　iWatch

图 5-52　京瓷 LTD 系列陶瓷刀

氧化锆陶瓷以氧化锆作为添加剂，极大地提高了现代陶瓷的强度和韧性，使陶瓷的硬度超过了金属的硬度。1984 年，日本品牌京瓷推出氧化锆陶瓷刀具，不仅重量轻，耐磨性也是金属刀具的 60 倍，其不生锈、不变色、抗腐蚀、坚韧、锋利、不易磨损、轻巧耐用的特性备受用户的喜爱。2014 年，京瓷 LTD 系列陶瓷刀（图 5-52）获得德国红点设计大奖。

4　"材美"与"工巧"的中国传统造物观

我国古人主张人与自然的沟通融合，认为天、地、人是主宰万物的三种力量，这种文化精神对当时的各种思想产生了重要的影响。如在军事领域讲究"天时、地利、人和"，在农业领域讲究"天时、地宜、人力"，在手工业领域讲究"天时、地气、材美、工巧"。《考工记》（图 5-53）是世界上最早的一部

图 5-53 《考工记》

工艺规范和设计著作，书中指出要达到好设计的制作条件需满足"天有时、地有气、材有美、工有巧。合此四者，然后可以为良"，以顺应天时、适应地气、优质材料、精巧工艺作为造物设计的四个基本条件，阐述了我国古人顺应自然、天人合一的设计理念。

《考工记》记述了先秦时期手工业生产、工艺美术等领域的 25 个工种，涉及数学、力学、声学、冶金、建筑学等方面的设计规范和制造工艺，在我国科技史、工艺美术史和文化史上都占有重要地位，其造物思想和方法也影响了我国古代城市的建设和器物的制造。

1）天时

《考工记》曰："天有时以生，有时以杀；草木有时以生，有时以死；石有时以泐，水有时以凝，有时以泽；此天时也。"意思是说，天有时助万物生长，有时使万物凋零；草木有时欣欣向荣，有时枯萎败落；石有时顺其脉理而解裂；水有时凝固，有时化为雨露；这些现象都是不以人的意志为转移的自然规律。天时节令的变化会影响原材料的质量，进而影响制成品的质量。因此，在器物制作时应按自然的规律选择最佳的劳动时节和方法，这样做出的器物才有可能是精良之作。如果有优质的材料和精巧的工艺而不能设计制造出好的器物，主要原因是违背了自然规律。任何器物、建筑只有首先与自然达到和谐才有可能实现美。

图 5-54　甜白釉暗花缠枝牡丹梅瓶

2）地气

《考工记》曰："橘逾淮而北为枳，鸲鹆不逾济，貉逾汶则死，此地气然也。"从现代科学角度分析，"地气"包括地理、地质、生态环境等多种客观因素。地理环境不同会影响动植物的变异或生存；各地矿物成分不尽相同，水中所含的微量元素也有所不同，这些因素都会造成材料在生产、使用过程中的优劣差别。例如，被誉为瓷都的景德镇，自古以来矿产资源丰富，人们用当地开采的高岭土制作而成的白瓷（图 5-54），在很长一段时期都代表了我国瓷器制品的最高品质，素有"白如玉，明如镜，薄如纸，声如磬"的美誉。

《考工记》认为"天时""地气"的变化对器物的质量有着至关重要的影响，二者是促成"材美""工巧"的两个客观因素。顺应"天时""地气"的造物方式是我国古代劳动人民在长期的生产实践中形成的一套合乎规律的工艺制作原则和价值标准。

3）材美

"天时""地气"受大自然客观因素的制约，而"材美""工巧"则受主观因素的影响，决定了器物的品质。"材美"讲究合理地选材、用材。《考工记》以制作车轮的木材为例，要求"轮人为轮，斩三材，必以其时。三材既具，巧者和之"。"凡斩毂之道，必矩其阴阳。阳也者稹理而坚，阴也者疏理而柔，是故以火养其阴，而齐诸其阳，则毂虽敝不蔽。"意思是工匠制作车轮时，砍伐三种木材必须符合适当的时节，当三种木材都具备之后，请拥有好手艺的匠人加工制作。砍伐用于制作毂（指车轮中心的圆木）的材料需要掌握一定的方法，首先必须记录并标注树木的向阳面和背阴面。木材向阳的部分纹理致密而质地坚硬，背阴的部分纹理疏松而质地柔软。因此，需要用火烘烤背阴的一面，使其木质的性能与向阳部分一致，才能做出耐用的毂。《考工记》强调系统的造物观，不仅要求工匠根据实际需要对材料的质地、品性进行选择，也强调发挥材料本身的自然美。

4）工巧

"天时""地气""材美"三者俱备后，必须还要由"巧者和之"才能制成精美的器物。"工巧"是对人为创造力的肯定。《考工记》是一部关于"考工"的"记"述，"考工"即"巧工"，强调的是"工"的"巧"。

《考工记》共记述了先秦时期关于木工、金工、玉工、皮革、染色、陶瓷六大类的工艺程序、技术要领和技术职责，并对所有的科技内容进行了分类，如"木工"中造车的"力学"、金工青铜器的"铸造"、弓矢设计的"空气动力学"、钟磬的"声学"、营建中的"测量术"以及水利工程中的"施工原理"等，从原料与能源消耗、成品产率到设备构造、器物尺寸、重量、容积比率和工艺生产所需工时、技术规范等内容均进行了详尽的说明，体现出对系统的设计安排，以及对设计规范性的追求。

《考工记》反映了我国先秦时期重实践、重观察、重实用技术的科学精神。工匠们在利用自然、改造自然方面积累了宝贵的经验，并从宏观角度提出好设计的关键要素——天时、地气、材美、工巧，即设计行为应遵循自然规律、合理地选材及用材、精湛的工艺与技术是好设计的关键。

第 6 课
好设计与全球化

1 好设计

好的产品设计不仅能表现出产品功能上的优越性，而且应便于制造，通过设计有效降低生产成本和生产过程中的碳排放指数，增强产品的市场竞争力，从而实现保护环境的目的。好的产品设计反映出一个时代的经济、文化水平，是集艺术、文化、历史、工程、材料、经济等各学科知识于一体的创造性活动，是技术与艺术的完美结合。

1）好设计的定义

1979 年，柏林国际设计中心在一项设计展中清楚地表明，设计除了实用性功能，还要综合考虑产品语言及更为重要的生态学方面的问题，认为：

①好的设计不是包装技术，必须将各类产品的特性用适当的造型手法表达出来；

②好的设计必须将产品的功能及操作简单明白地呈现出来，并被使用者清晰地理解；

③好的设计必须要让科技发展的最新情况为人所知；

④好的设计不仅限于产品本身，必须对生态、节能、回收、耐用性及人体工学予以考虑；

⑤好的设计必须将人与物的关系当作造型工作的出发点，尤其考虑到职业医学和感知等方面。

20世纪80年代，设计开始逐渐等同于品位和生活方式。现代产品给予设计自由发挥的空间，让设计使产品的外观对消费者充满吸引力，或表明可以怎样使用该产品。这一时期对好设计的概念描述呈现出多样性和开放性，代表了一种必要的、可建立的多元论。例如，孟菲斯（Memphis）以一系列不强调功能而关注表面装饰的家具和装饰品，推翻了"好设计"的传统准则，并发出了"形式追随意义"而不再是"形式追随功能"的宣言（图6-1）。

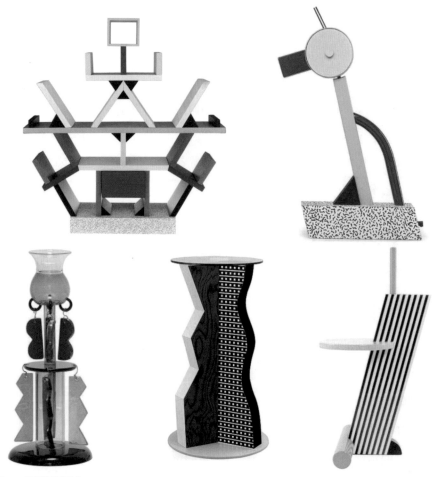

图6-1　孟菲斯设计作品

图 6-2　楚格设计作品

继孟菲斯之后，来自荷兰的楚格设计（Droog design，Droog 荷兰语中意为"干燥"，因此也称"干燥设计"）成为 20 世纪 90 年代以来最具革命精神的设计组织。他们用冷幽默的方式，戏谑地创造一系列概念化、低成本、低技术的家具、生活用品设计，冲击当时精致奢侈、华丽夺目的流行风格。楚格设计将功能、形式及乐趣的概念加以整合，对我们所处的环境及理性态度作出批判，以一种自由的、松散的方式去解读设计（图 6-2）。

1970 年后，在研发方面有着高投入的科技产品逐渐进入人们的生活，好设计的定义也扩展到了新的领域，这些高科技产品的成功不仅在于其技术的革新，还要归功于交互设计的快速发展，以"设计"让科技变得"友好"，而"好设计"的概念也具有了更多的包容性和科技的概念。在《完美工业设计：从设计思想到关键步骤》一书中指出：

①好设计使技术程序可视化；

②好设计使产品（硬件和软件）的使用或操作简化；

③好设计使生产、消费和回收之间的关联变得透明；

④好设计提升和交流服务。

2）设计 10 诫

迪特·拉姆斯（Dieter Rams），德国著名的工业设计师，被誉为"20 世纪最有影响力的设计师之一""设计师的设计师"，其多项设计被博物馆永久性收藏。1955 年，迪特·拉姆斯加入博朗公司，1961—1995 年担任设计总监。在他的带领下，博朗公司产品经历了几十年"大道至简，平淡为归"的风格，成为常青设计。他提出的"设计十诫"也被公认为最好的衡量"好设计"的标准（图 6-3）。

①好的设计是创新的；

　　Good design is innovative;

②好的设计是实用的；

　　Good design makes a product useful;

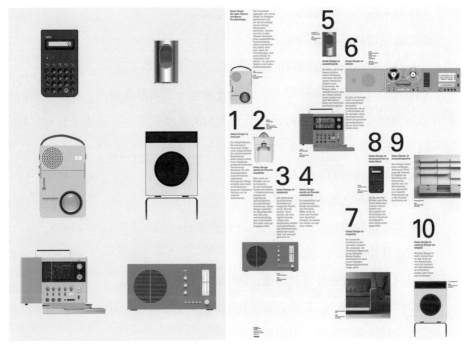

③好的设计是唯美的；

Good design is aesthetic；

④好的设计让产品易于理解；

Good design helps a product to be understood；

⑤好的设计是谦虚的；

Good design is unobtrusive；

⑥好的设计是诚实的；

Good design is honest；

⑦好的设计是坚固耐用的；

Good design is durable；

⑧好的设计是执着于细节的；

Good design is thorough to the last detail；

⑨好的设计是关心环境的；

Good design is concerned with the environment;

⑩好的设计是尽可能少的设计。

Good design is as little design as possible.

2008 年，《国际先驱论坛报》记者爱丽丝·劳斯瑟恩指出，"现在人们对设计的期望值变了，所以那些品质及它们的关系也变了"，并提出她对"好设计"的理解：

①好设计是相对的、个人的；

②好设计具有艺术表现性；

③好设计包含叙事性，是迷人的、有感情的；

④好设计使我们向文化提问；

⑤好设计不仅设计外观和功能，还创造期望和愉悦；

⑥好设计是好奇心，哲学、观察和创新的结合；

⑦好设计是多维度的，可以同我们的潜意识对话；

⑧好设计是具有经验并且跨学科的；

⑨好设计不仅仅是制造产品，还应该是用新的方式应用设计方法；

⑩好设计鼓励人们改变他们现有的生活方式。

对"好设计"不同时期概念的理解，有助于我们了解设计发展的趋势。尽管设计常用来描述物体或最终结果，但设计也是一个分析问题、解决问题以及与人沟通的过程。设计曾经只需要关注产品的生产，而现在设计师面临着材料知识、科技资讯的飞跃，并需要与其他领域的专家协同合作，如经济学家、社会学家、人类学家、程序设计人员等，从而实现从设计的角度应对当今社会所面临的经济问题、政治问题、环境问题和社会问题。

设计是人类文化多样性的反映，也是各种文化信息背后的强大驱动力之一。如今设计作为一种文化力和展示国力的工具，构成了国家品质的图画。在含义丰富的设计语义学中，瑞典的"安全性"、德国的"技术效率"、意大利的"高雅"、日本的"品质"等都体现了国家认同在市场中的作用，这些认同成为品牌力量内嵌在大众媒体中参与国际竞争的比较优势。

2 工业革命的发源地——英国设计

英国是工业革命的发源地，是 19 世纪的"世界工厂"。18 世纪中期至 20 世纪初，英国工业革命促成了现代设计的产生和艺术与手工艺运动，使英国成为现代设计的摇篮。虽然英国经济受两次世界大战的影响一度出现衰退，英国现代设计也受到严重影响，但是英国政府始终对发展现代设计予以高度重视，通过开办设计学校、组织设计会展、扶持设计企业，明确设计教育与产业的共生关系，大力倡导"好设计""好品位"的标准，以此重新构建了英国现代设计的国际形象。

20 世纪 60 年代至 21 世纪初，英国政府为了振兴经济，明确提出了发展创意产业的国家战略，大力鼓励、扶持设计师的创意设计，发展现代设计教育，从多方面采取措施向企业经营者、广大消费者和中小学生普及现代设计教育。英国悠久的历史、丰富的文化艺术遗产与数量众多、馆藏丰富的各类博物馆、美术馆、艺术馆成为取之不竭的艺术教育资源，使英国设计走出低谷，重新成为世界重要的设计中心之一。

1）戴森

戴森是一家工程技术创新公司，1993 年开始涉足真空吸尘器的生产和销售。创始人詹姆斯·戴森（James Dyson，图 6-4）是非常受英国人敬重的、富有创新精神的企业家。20 世纪 80 年代，戴森在研制了 5 127 个产品原型后，利用气旋分离原理，成功发明了多圆锥气旋系统并生产出第一台吸尘器"G-Force"，彻底解决了旧式真空吸尘器气孔容易堵塞的问题。

在几十年的品牌发展过程中，戴森组建了一支由 1 200 名科学家和工程师组成的研发团队，构建了数量巨大的专利布局，并将其扩散应用到不同产品中。例如，戴森吸尘器（图 6-5）采用旋风分离器产生离心作用，实现了真空吸尘，气流自外而内流动；无叶片风扇则利用空气泵将空气从缝状出风口喷出，形成气流自内而外输出；无叶片风扇采用康达效应并延伸至卷发棒，实现自动卷发的效果。核心技术的扩散运用使戴森的产品线从单一的吸尘器逐步扩展到电风扇、电吹风、卷发器、干手器（图6-6）、台灯（图6-7）等领域，也使戴森成为拥有众多高科技家用电器产品的创新公司。

戴森系列产品的造型拥有高科技外观，具有非常突出的技术特点。从科学知识开始辅以大量的研究和实验，结合物理学、化学、材料科学、工程学等多学科的强大经验和实验，带来产品应用的灵感，并为消费者的需求提供卓越的产品性能。

图 6-4 詹姆斯·戴森　　　　　　图 6-5 戴森吸尘器

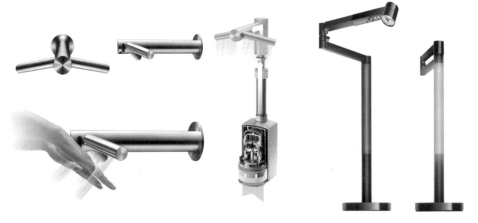

图 6-6 戴森干手器　　　　　　　　图 6-7 戴森 CD06 台灯

2）汤姆·迪克森

20 世纪 80 年代，英国兴起了一项"设计师—造物人"运动。其中，最具影响力的设计师是来自突尼斯的汤姆·迪克森。1988 年，他与意大利家具品牌 Cappellini 合作推出 S 椅（图 6–8），以传统草编法创造了极具创新性的单体延伸结构，该作品被纽约现代艺术博物馆永久收藏。

迪克森的设计体现了创意和商业的结合。2002 年，创立同名品牌，推出以家具和灯饰为主的家居用品旗舰店，在全球 64 个国家和地区设店销售，如 Melt 吊灯（图 6–9）、COG 系列烛台（图 6–10）等。2013 年，迪克森应邀设计轩尼诗世家 2013—2015 年的 X.O 珍藏版系列包装（图 6–11）。受镶嵌技术启发，迪克森采用铁镍钛合金材料，利用重复的菱形图案和逐步抛光的工艺，使酒瓶具有水晶般的折射效果。2001 年，迪克森因对英国设计界作出的杰出贡献被授予大英帝国军官勋章。

图 6-8　S 椅　　　　　　　　　　　　　　　　图 6-9　Melt 吊灯

图 6-10 COG 系列烛台

图 6-11　2015 年轩尼诗 X.O 珍藏版包装设计

3　理性的品质——德国设计

德国作为现代设计的发源地，是最早接受工业化生产方式的国家，也是最早开展现代设计教育的国家。德国工业化的快速发展不仅得益于国家的支持，更得益于德国的国民教育水平。在德国，制造管理和技术生产都是由受过专业教育的工人承担的，这为国家的发展提供了必要的支撑。在德国，还诞生了被称为"现代设计摇篮"的包豪斯设计学院，系统地探索了工业化时代技术与艺术结合的理念与方法，创造出适合标准化、大批量生产的现代设计形式。

"德国制造"是好设计与高品质的代名词。20 世纪六七十年代，包豪斯、乌尔姆设计学院和博朗公司的设计观，对德国产品设计的文化产生了深远的影响。在"形式追随功能"概念的支配下，德国设计在世界媒体中建立起功能的、实用的、可感知的、经济的、谦虚的、理性的、严谨的功能主义形象。进入 21 世纪，德国开始逐渐摆脱功能主义的沉重遗产，迈向对设计真实且多元的诠释之道。在 2013 年汉诺威工业博览会上，德国首先提出"工业 4.0"计划，希望能够在未来社会保持工业强国的领先地位，在新一轮工业革命中占领先机。

1）博朗

1921 年，博朗公司设立于德国法兰克福，早期主要生产收音机所需的零配件。1951 年，在欧文·博朗（Erwin Braun）的带领下，博朗公司引入包豪斯和乌尔姆设计学院的设计师，开创了设计师和工程师共同合作的研发机制，创造出众多富有功能性和技术性的产品。

1955 年，迪特·拉姆斯加入博朗，在接下来的几十年中，他一如既往地贯彻功能主义概念，以"Lest, But Better"（更少，但更好）的实用风格，使博朗公司成为全球领先的电器制造商，其设计也成为众多品牌效仿的对象。1965 年，由迪特·拉姆斯和汉斯·古格洛特（Hans Gugelot）共同设计的 Sk4 型电唱机（图 6-12），成为系统设计思想付诸实践最早的实例之一。在造型上，简练的直线条、矩形直角造型、典雅的浅色调外壳和简单的、纯功能性布局，与 20 世纪中期工业产品主导的流线型设计风格形成鲜明的对比。Sk4 型电唱机的有机玻璃外盒被认为是电器行业的一大创举。

图 6-12　Sk4 型电唱机

图 6-13　博朗电动剃须刀

在博朗系列作品的发展史中，电动剃须刀（图 6-13）最能体现其设计哲学的传承，且自始至终都沿着优化握持方式和用户体验方向发展，在使用者需求、行为方式和新技术的基础上，通过可控的产品设计、高度的操作合宜性、井然有序的产品目录和说明书，建立起一个企业的整体视觉形象。

2）德意志制造联盟

德意志制造联盟成立于 1907 年 10 月，最初由 12 位业界杰出的建筑设计师和 12 家制造商组成，以打造生产企业与设计师更为紧密的联盟关系、推动全国范围内与工业相关的技术学校及实用教育的发展和捍卫"好设计"为首要目标，提高大批量生产的产品质量和消费者的设计意识，促进兼顾制造商、销售商和大众利益的"好设计"成为国家文化。

1909 年，德意志制造联盟与德国企业家、收藏家共同创立了一家富有教育和启示意义的设计博物馆——德国国家艺术与贸易品博物馆，展品涵盖与商业活动有关的所有物品。博物馆将劣质商品与优良商品并排展出，让参观者直观地理解好设计与低劣设计的区别。德意志制造联盟在多个城镇举办大规模的展览和晚间讲座，以展示好设计的实例和广泛的设计改革运动促进了德国的设计水平（图 6-14）。

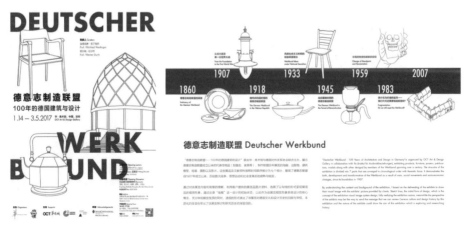

图 6-14　德意志制造联盟 100 年展海报

4 以市场为导向——美国设计

20 世纪 20 年代，得益于强大的经济基础与先进的科技，美国成为世界上工业化程度最高的国家之一。欧洲市场追寻的对设计的探索、创新的观念在美国市场成为现实。新材料、新工艺与新思想的全面碰撞，在美国形成了一场轰轰烈烈的国际主义设计运动。

1930 年，美国经济大萧条的压力凸显了设计的重要性，设计师不仅需要负责设计产品的外观，还参与对生产线的改造和对标准化设计的探索。在这一时期，美国以流线型设计式样成为世界设计的一股重要力量，从根本上改变了产品设计的方式。20 世纪 30 年代，美国设计可分为两个主要类型：一是对新研发的产品进行首次设计；二是在原有产品的基础上进行设计优化。第二类设计基本忽略了功能上的革新，将如何通过设计增加消费需求、降低失业率、刺激国家经济放到关键位置，形成一种以市场为导向、多元化、商业化的设计价值观。

40 年代，美国将大量的资金投入军用品的生产中，促进了先进材料大规模的工业化开发。许多优秀的设计师参与到军工设计工作中，如查尔斯·伊姆斯夫妇（Charles and Ray Eames）、巴克敏斯特·富勒等。年轻的设计师们通过解决实际问题，接触新材料和新技术获得丰富的实践经验和应对苛刻要求的设计能力。同时，战争也使大量欧洲的先锋建筑师和设计师移民美国，如瓦尔特·格罗皮乌斯、路德维希·密斯·凡·德·罗（Ludwig Mies van der Rohe）等，他们开创性的工作为美国设计和教育带来了深刻的影响。

80 年代，计算机公司的涌现催生了对设计的高度需求，加利福尼亚州的硅谷成为美国新时代设计飞跃的中枢，青蛙公司、IDEO 公司、Smart Design 、Ecco Design 纷纷落户加利福尼亚，为微电子产品设计和美国设计的全新形象做出了重要贡献。

1）雷蒙德·罗维

雷蒙德·罗维是首位登上美国《时代》杂志封面的设计师。他参与的设计达数千项，如壳牌石油标志（图 6-15）、可口可乐瓶身与标识（图 6-16）、灰狗长途巴士、肯尼迪总统的飞机"空军一号"、太空空间站的设计（图 6-17）等。《纽约时报》将他誉为"一位塑造了当今世界形象的伟大设计师"，其作品及设计思想影响了美国几代人的生活方式，并构建了全新的现代化消费时代。

　　1935 年，罗维为西尔斯公司设计的"冷点"冰箱，在没有提升核心技术的条件下，通过对产品外观的再设计，使冰箱的年销售量从 65 000 台攀升至 250 000 台，成为以外观设计赢得市场认可的一个成功典范。1954 年，罗维接受可口可乐公司的委托，对原有瓶身线条进行设计优化，成就了现今可口可乐标志性的特征。罗维的优化设计在当时很好地提高了产品外在形象和企业的销售业绩，铸就了其在美国工业设计领域作为一名"消费设计师"的领先地位。罗维的设计实践深层次地反映了他对消费者、企业和设计师三者关系的思考，也从一个侧面反映了 20 世纪 30 —70 年代美国制造业和工业设计的发展历程。作为一名从法国移民至美国的设计师，与同时期的包豪斯设计师相比，罗维并未坚持精英主义面向中产阶级的设计之路，而是坚定地面向广大群众、面向消费文化。

图 6-15　壳牌石油标志

图 6-16　可口可乐瓶

图 6-17　太空空间站的设计图

2）苹果

1976 年，乔布斯与史蒂芬·沃兹尼亚克（Stephen Wozniak）、罗·韦恩（Ronald Wayne）共同创立了苹果公司。1997 年，乔布斯大胆起用英国设计师乔纳森·伊夫，由他主导设计的 iMac G3（图 6-18）用舒张的大弧形彩色外壳将电脑显示器与机箱融为一体，使个人电脑彻底脱离了精密仪器的形象，受到众多年轻用户及艺术、设计工作者的喜爱。

苹果公司发展至今一定程度上引领了科技产品发展的走向。它通过外观、功能、技术、行为、交互、情感等方面重新定义了电子产品设计的方向和内容。2007 年初代 iPhone 问世，革命式的多点触控技术（3D Touch）重新定义了移动通信的概念。2008 年苹果公司发布 App Store，从最初的 500 个应用程序发展至今拥有超过 200 万个应用程序，证明 App Store 不仅是一个在线商店，更是营造创新和体验的大本营。直到今天，苹果公司从划时代的 iPhone1（图 6-19），到改变整个行业的 App Store、iCloud、Siri 等功能，到触摸传感技术（Force Touch）、指纹识别（Touch ID）、面容识别（Face ID）等技术，多年来一直致力于对新技术、新材料、新生产工艺的实验，设计出了许多突破性的新产品（图 6-20）。

图 6-18　iMac G3

图 6-19　iPhone 1

图 6-20　苹果公司产品

5 勇于实验——意大利设计

20世纪初，美国成功的工业模式和德国先进的科学技术为意大利设计的形成奠定了良好的基础。在经过各式设计哲学、学派与文化的结合、解构、再重塑后，意大利在文化艺术各个方面都显示出与同时期欧洲各国不可比拟的创造力和独特的自由精神。

第二次世界大战后意大利设计迅速崛起，得益于自1933年就开始举办的"米兰三年展"和1954年创立的"金圆规奖"，它们对推动意大利艺术设计的发展起到了重要的作用。同时，意大利也是世界范围内拥有最多设计杂志的国家之一。其中最具影响力的是1928年由著名设计师吉奥·庞蒂（Gio Ponti）创办的建筑与设计杂志《多姆斯》（图6-21），以及20世纪五六十年代创办的《工业产品风格》、《奥塔古诺》（图6-22）和《卡萨贝拉》。这些期刊自创刊以来，始终以敏锐的视角，客观、及时、全面地报道全球建筑、设计及艺术动态，以深刻的思想和充满活力的内容长久地保持着对设计发展的敏锐性和前瞻性；记录了城市、建筑、设计、艺术、文化中最深刻、最有力的思想和发展变迁，对意大利乃至国际建筑、设计及艺术界都有着广泛深远的影响。

意大利设计以艺术品的方式形成兼顾功能性和个性化、戏剧化的设计风格。他们用色大胆、富于想象，不受现有设计方法和美学概念的约束，使现代设计成为传统工艺、现代思维、个人才能对新材料、新工艺展开实验创新的最佳阵地。

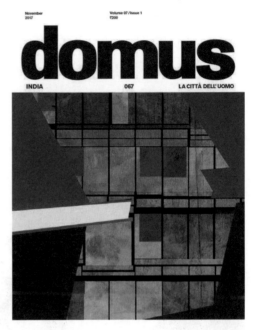

图 6-21　《多姆斯》

图 6-22　《奥塔古诺》

1）米兰设计周

米兰国际家具展暨米兰设计周（图 6–23）每年 4 月在米兰举行，从商业、概念到学术的各个层面展现了当代设计的最新趋势。米兰设计周由三部分组成：一是位于新米兰国际展览中心的家具展，包括国际家具展、灯具展、家具半成品及配件展、国际青年明日之星沙龙展以及每两年举办一次的国际厨房卫浴展。二是以概念设计为主，展馆散布在米兰市中心的各个品牌陈列室、设计工作室、商业街中，在展示未来设计趋势的同时兼顾商业展示与品牌传播。三是以米兰三年展中心博物馆与米兰大学校区为主的一些倾向于设计探索的学术创意展。

图 6-23　米兰设计周 55 周年海报

图 6-24　马塔里·卡塞

　　米兰国际家具展作为一个集概念、制造、创新和技术的平台，其发展历史可追溯到 1961 年。意大利家具制造商为促进本国家具的出口，成立了意大利家具行业协会。随着协会规模和影响力的逐渐扩大，1991 年米兰家具展开始全面国际化。1989 年，米兰国际家具展特别设立国际青年明日之星沙龙展（也称卫星展），为年轻设计师提供专属的展览平台。在卫星展中曾经打造出不少知名设计师，如帕特里克·茹因、马塔里·卡塞（Matali Crasset，图 6-24）、佐藤大、沙维尔·卢斯特等。

2) 阿莱西

　　意大利家居品牌阿莱西成立于 1921 年，是由金属匠人乔凡尼·阿莱西（Giovanni Alessi）创办的一个家族式企业，20 世纪初主要经营黄铜、镍银餐具等厨房及桌面用品。1945 年受战后重建、资源匮乏和价格因素影响，其产品逐渐由铜制品转为不锈钢制品。直至今日，阿莱西延续着将闻名世界的手工抛光金属技艺与现代化批量生产相结合，以传统工艺优良的品质感注入现代家居用品中。90 年代后期，阿莱西开始推出塑料家居用品，以适应设计的多样性和经济的需求。塑料工艺为阿莱西的设计开启了新篇章，许多生动活泼且色彩丰富的产品相继推出，如由众多知名设计师参与设计的"故事世家"系列（图 6-25）就是阿莱西探索色彩世界和物体感官愉悦的设计实践。

　　作为意大利设计的筑梦工厂，阿莱西以富于创新性和前沿性的设计闻名于世。100 多年来，阿莱西从纯铸造性的、机械性的工厂成功转型为一个研究应用美术的创作工场，得益于公司在发展过程中始终坚持寻求与设计师的合作。与之合作过的建筑师、设计师多达 200 位，如迈克尔·格雷夫斯、阿切勒·卡斯蒂格利奥尼（Achille Castiglioni）、理查德·萨伯（Richard Sapper）、阿尔多·罗西（Aldo Rossi）、米凯莱·德·路奇（Michele De Lucchi）等。1983 年和 2003 年，阿莱西邀请以亚历山德罗·门迪尼（Alessandro Mendini）为首的多位设计师，以"茶与咖啡"为主题进行茶具和咖啡具的设计（图 6-26），并在全球知名博物馆展出，使阿莱西的设计受到广泛的关注。1990年由菲利普·斯塔克设计的柠檬榨汁机（图6-27），1994年由亚力山德罗·门迪尼设计的鹦鹉开罐器、安娜开瓶器（图6-28）至今仍是阿莱西最畅销的产品之一。

图 6-25　"故事世家"系列产品

图 6-26　"茶与咖啡"系列产品

图 6-27　柠檬榨汁机

图 6-28　安娜开瓶器

2006 年，阿莱西公司将产品重新分类，新增 "Officina Alessi" 和 "A Di Alessi" 两个系列。"Officina Alessi" 系列是阿莱西产品中最精致、最昂贵、实验性最强且最具创意的限量产品；"A di Alessi" 系列以面向大众消费为主，价格适宜；"Alessi" 系列继续代表最佳量产产品，注重设计的表达性和实用性之间的平衡。

6 诗意的栖居——斯堪的纳维亚设计

斯堪的纳维亚半岛位于欧洲西北角，地理上包括瑞典和挪威，还有人将丹麦、芬兰和冰岛也划入其中。20 世纪初期，斯堪的纳维亚国家的设计普遍将当地悠久的传统手工艺与工业生产相结合，呈现出民族浪漫主义和民间手工艺风格相互渗透的现代设计风格。特别是在家具设计领域，设计师们从手工艺中汲取灵感，以感性的有机外观、温暖的色调和天然的材质设计出举世瞩目的产品，在全球兴起了一种柔和的国际风格，与意大利、美国组成现代家具设计的三股重要力量。

丹麦、芬兰、瑞典、挪威、冰岛五国的设计虽然被统称为斯堪的纳维亚风格，但却有很多不同之处。例如，丹麦设计擅于将人体工程学运用到自身悠久、杰出的细木工艺中，通过对经典案例的分析借鉴，将世代相传的工艺技术与现代设计相结合，使生产出来的产品具有明显的丹麦风格。

芬兰也有着悠久的手工艺传统，主要成就在玻璃制品和瓷器领域，在造型中更重视设计的艺术表现，强调夸张的雕塑感和情感表达的诉求，以自然的、具有功能性的外形和图案装饰形成产品风格。

瑞典设计致力于提升家居环境，强调"让每个人都能享受美好的设计"。20 世纪以来"瑞典式优雅"常用于形容瑞典以功能主义为基础，关注设计的实用性和灵活性的设计风格。

挪威是最早提出可持续发展的国家，为保护传统手工艺的可持续发展，挪威和冰岛两国内几乎没有发展任何制造工业。因此，他们的设计更侧重于与环境、生态的和谐发展，以简化的形式语言、简单的制造过程、高度的可靠性成为别具特色的斯堪的纳维亚风格。

北欧漫长的冬季与黑夜使当地人极为重视家居内部空间的营造。家具、灯具作为日常生活必备品，成为设计师们关注的重点，斯堪的纳维亚地区也因此诞生了许多世界知名的建筑师、家具设计师、家居品牌和灯具品牌，如阿尔瓦·阿尔托（Alvar Aalto）、汉斯·瓦格纳（Hans Wegner）、芬·尤尔（Finn Juhl，图 6-29）等，以及世界知名的如瑞典的宜家、丹麦的灯具品牌路易斯·保罗森和芬兰的家居品牌伊塔拉（图 6-30）等。

图 6-29　芬·尤尔设计的酋长椅

图 6-30　伊塔拉玻璃器皿

1）保罗·汉宁森

保罗·汉宁森是 20 世纪丹麦最杰出的设计师、设计理论家之一。1924 年，他设计的 PH 灯代表丹麦参加巴黎国际装饰艺术与现代工业博览会并获得金奖。从此，PH 灯成为国际市场上的畅销（图 6–31）。

PH 灯是科学技术与艺术的完美统一，也是斯堪的纳维亚设计风格的典型代表。其设计并非源于对优美造型的追求，而是从科学的角度将产品置身于使用环境与使用关系中，思考灯具、光线、使用者与使用环境之间的关系。PH 灯多层灯伞的设计，据说是汉宁森受厨房里堆叠组合的杯子、碗和盘子的启发设计出来的。灯光通过多层灯伞形成的漫反射效应，不仅对白炽灯的光谱进行了补充，创造出适宜的光色，还避免了眩光对眼睛的刺激，有效地消除了光源在照明中形成的阴影，缓解了室内空间明暗过于强烈的反差。

直至今日，PH 灯依然在丹麦路易斯·保罗森公司生产和销售。后来 PH 灯被拓展成数个系列，并被泛称为"PH 系统"。2020 年，保罗森公司推出汉宁森在 1927 年设计的"PH 2/1"限量款台灯（图 6–32）。台灯由琥珀色玻璃吹制而成，反射式三阴影系统采用著名的等角螺线设计，发出以中心光源为焦点的柔和光效。

2）阿尔瓦·阿尔托

阿尔瓦·阿尔托是芬兰 20 世纪现代主义最具影响力的建筑师、设计师之一，其设计范围涵盖城市规划、建筑设计、家具设计和生活用具设计等。芬兰本民族的自然环境和自然资源始终是阿尔托设计的主要构思来源，也是其民族化设计不竭的动力。

20 世纪 20 年代，阿尔托与妻子艾诺·马塞奥（Aino Marsio）使用芬兰本土桦木开发出一种能使木材更具弹性的处理工艺，并运用于当地肺结核疗养院的家具设计中。由此工艺制作出的帕米欧扶手椅（图 6–33）靠背与座位尾端连接并形成内弯，使椅背不仅具有良好的支撑力，更具有一定的弹力，倾斜的椅背有助于肺结核患者形成良好的坐姿，以便其更顺畅地呼吸。

　　阿尔托另一件代表作是萨沃伊花瓶（图6-34）。他受芬兰北部萨米爱斯基摩妇女用木棍撑起麋鹿皮制作皮衣的启发，联想到用类似方法制作玻璃器皿的可能性，通过反复实践最终形成了这一极具芬兰民族特征的花瓶造型。1959年，《财富》杂志开展了一场旨在"发现100款最佳现代产品设计"的评选活动，萨沃伊花瓶排名第20位，成为世界上最著名的玻璃制品之一。如今这款花瓶依然由芬兰伊塔拉公司手工生产。

图6-31　PH灯　　　　　　　　　　　　　　　　　　图6-32　"PH 2/1"限量款台灯

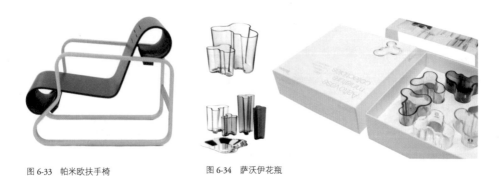

图6-33　帕米欧扶手椅　　　图6-34　萨沃伊花瓶

3）乐高

乐高创立于 1932 年，创始人奥利·柯克·克里斯蒂安森（Ole Kirk Kristiansen）是一位丹麦木匠。他认为，玩具是孩子童年最重要的伙伴。因此，乐高在创立之后的 15 年里都在研究制作木制玩具。1934 年，"LEGO"商标问世，取自丹麦语"Leg-Godt"，意思是"玩得快乐"，拉丁语中则有"搭建与堆砌"的含义（图 6-35）。1946 年，塑胶作为新兴材料和工艺的代表得到广泛应用，克里斯蒂安森大胆引进注塑技术，经过 9 年的设计研发设计并制造出可重复拼接的凹凸管塑料积木（图 6-36），并在 1958 年申请专利。

乐高公司发展至今，在全球累计售出超过 6 000 亿块积木，有超过 53 种颜色、2 400 多种形状，每块积木的制造都经过模塑、上色装饰、测试及包装四个生产环节，以确保积木不变形、不褪色。为了让乐高不同形状、不同套系、不同年代生产的积木都可以自由组合在一起，其生产元件所使用的模具误差值被严格控制在 0.004 毫米以内。这种精益求精的精神使得 60 多年前生产的乐高积木仍能与现在生产的积木拼搭在一起。2020 年，乐高和宜家合作推出"比格列克"系列收纳盒（图 6-37），不仅为儿童提供了一个有创造力的娱乐场所，也使收纳变得更有趣。

图 6-35　1998 年以后的乐高商标

图 6-36　乐高积木

图 6-37　"比格列克"系列收纳盒

7 现代与传统并存——日本设计

日本明治时期"Design"一词传入日本。当时日语里并没有与之对应的词语来表达设计的概念，"意匠图案"就作为早期的代名词被广泛使用。日本设计在经历了产业运动时期（1868—1915 年）、艺术运动时期（1915—1945 年）、实用主义设计时期（1945—1960 年）、商业主义设计时期（1960—1990 年）和设计多样化时期（1990 年至今）五个阶段长达 150 多年的设计运动后，使日本成为当今的设计大国。从早期追随西方发达国家的脚步，到将本国历史悠久、传承多年的文化和工艺融入设计运动中，体现了不同于西方国家的设计风格以及保护民族文化传统的意识。

传统与现代并行发展是日本设计的主要特点。日本匠人从江户时代就形成了数十年如一日精进技艺的匠心意识。他们对产品质量的严格要求，对极致技艺追求的精神，延续到现代设计和制造业中，也诞生了许多举世瞩目的产品，如索尼的 Walkman、佳能相机、卡西欧手表等。

1)《啊！设计》

日本明治维新后，发展国民教育成为日本经济得以快速发展的重要举措之一。在"科技兴国，教育立国"的国家政策背景下，设计教育和美育成为至关重要的环节。2011 年，日本 NHK 教育频道播出了一档针对 7 ~ 11 岁学龄儿童的设计类启蒙节目《啊！设计》（Design, Ah！）。该节目由日本著名平面设计师佐藤卓（Taku Satoh）担任艺术总监，以传达设计乐趣和培养设计观点为目的，在向儿童普及设计观念方面取得了很好的效果，也获得了诸多国际奖项，如慕尼黑国际青少年电视节主题节目大奖、日本优良设计大奖等。

《啊！设计》从设计的角度，帮助儿童重新思考周围存在的事物，并提供多种有助于参与和体验的方式，通过"设计的观察""素描""拆解""天马行空""物品视角""设计师"等 51 个节目版块，培养儿童的创造性思维和发现问题的能力。2013 年和 2018 年，节目组在 21_21Design Sight 美术馆举办了以

《啊！设计》命名的儿童设计主题展览（图6–38），现场通过"空间＋影像＋实物"的形式，让观展者用体验的方式去感受设计的乐趣。

　　《啊！设计》不仅内容丰富专业，也遵循了儿童对娱乐、认知、交往等方面的需求。在寻求专业性与趣味性的平衡中，注重对本土民族精神的传播。节目所展现的物品大多来自本土日常生活的方方面面，既有梳子、漫画、玩具等日常生活用品，也有传统的民艺、习俗等。《啊！设计》从设计的视角对生活中常见的器物进行分析，让更多人发现、感知到这些器物的设计智慧和美感。

图6-38　《啊！设计》2013 年、2018 年设计主题展海报

2）无印良品

无印良品（MUJI）脱胎于西友百货，意为"没有品牌标志的优质商品"。1983 年，无印良品以"物件的基本功能可以长久使用"为设计理念，推出家居布艺、清洁用品、个人护理等 40 种商品。无印良品发展至今，已提供了超过7 000 种设计简洁、实用且价格合理的商品，涉及食品、文具、杂货、服装、家具、电器等各个领域（图 6-39）。

多年来无印良品始终遵从品牌"慎选素材""改善工序""简化包装"三大原则，研发符合大众消费需求的商品，摒弃了企业通常采取的求新、求异和单纯追求视觉冲击力的品牌策略，以内敛、质朴、素雅又饱含文化内涵的视觉形象和适宜的价格，为消费者带来和谐的使用体验，以及"这样就好"的理性满足，有效地区分于其他品牌。

2003 年，无印良品实施"Found MUJI"项目企划（图 6-40），希望通过"寻找""发现"，探寻长久以来被人们遗忘的日常物品的价值。该项目通过重新检视世界各地的传统日常物品，在保留物品精髓的前提下，结合现代生活、文化、习惯进行改良，让这些物品以崭新的姿态重新呈现在消费者面前。

图 6-39 无印良品产品

图 6-40　无印良品"Found MUJI"项目企划

8 技的成熟，艺的繁荣——中国设计

我国现代设计的发展始于 20 世纪 80 年代早期。由于人们对基本产品的功能性需求远远大于设计上的革新和创意的需求，因此当时的产品设计主要是以模仿为主，如仿照英国兰令自行车、美国胜家缝纫机、钢笔等。1979 年，中国工业设计协会（CAID）成立，协会委员从电子产品、家具、玻璃制品、瓷器、医疗产品和展示设计等十个领域进行管理和支持，与高校联合组织展览和出版，系统性的设计行为才开始出现。

2014 年，艺术设计发展进入国家政策议程，我国明确提出以"文化传承"与"科技支撑"促进创意和产品设计服务的生产、交易和成果转化，构建以先进制造业为基础，与金融、贸易、航运等现代生产服务业互相融合的产业体系。经过 40 多年的发展，我国现代设计在艺术设计理论、教育、学科等方面发展迅速。工业设计创新方面在经历了技术引进、仿制融合、创新发展的阶段后，以海尔、美的、联想、华为、小米等为代表的国内制造企业持续加大设计研发的投入比例，以技术和功能为核心向品牌化的服务与体验模式发展。

1) 上下

2007 年，设计师蒋琼耳与她的设计团队，以传统中国文化为灵感，围绕"家"的主题创立"上下"品牌。十多年来，上下始终以上乘的品质，致力于开发属于中国人生活方式的高品质产品，为当代设计与中国文化、手工艺搭建承上启下的桥梁。

上下产品（图 6-41）涵盖家具、家居用品、服装、皮具、首饰及与茶有关的物品等，优质的原材料和精湛的手工艺是品牌的两大特点。在创始人蒋琼耳看来，在过去的五六十年时间里，我国手工艺和历史发生了"断裂"，现在到了和过去重新连接的时刻。2014 年，上下开始与竹丝镶嵌、漆器、瓷器、木作家具等不同领域的工艺大师合作，将传统工艺结合当代美学、需求、理解、创新，让工艺找到在日常生活中存在的理由、角色和实用功能。

图 6-41　上下产品

图 6-42　犀皮漆碳纤维长桌

　　上下的每件作品背后都富有浓厚的历史韵味。在"大天地"和"乾坤"系列家具中，以碳纤维材料轻盈、坚硬的特性，为我国传统家具风格的当代创新提供了新的可能。在保留传统榫卯结构的同时，大胆地将传统明式家具的细节特征层层简化，以传统与现代、轻盈与坚固巧妙地演绎了中国明式家具的创新与未来。如"大天地"系列的犀皮漆碳纤维长桌（图6-42）以碳纤维材料结构制成，表面精细的金红色犀牛漆由国家级非物质文化遗产漆器髹饰技艺代表性传承人甘而可手工制作完成。

　　上下的设计团队多数有着西方教育的背景，且对中国传统文化充满热情。他们花费大量时间，走访全球博物馆，拜访高校顾问和手工艺名匠，让无数散落于民间的能工巧匠重新走进人们的视野，并与他们携手把中国的传统手工艺、文化与生活连接起来，创造出能为现代人所使用的产品。

2）小米与米家

成立于 2010 年的小米科技是一家专注于智能硬件和电子产品研发的移动互联网企业，同时也是一家专注于智能家居生态链建设的创新型科技企业，旨在打造高品质、低价格的智能产品。"为发烧而生""让每个人都能享受科技的乐趣"是小米产品的概念和公司的愿景。2014 年，小米为物联网布局启动生态链战略，借助生态链企业的合作，将小米产品从手机延伸到 3C 产品、家用电器、生活耗材等领域（图 6-43），其产品畅销全球 90 多个国家和地区。

2016 年，小米科技宣布启用全新的米家（MIJIA）品牌，以双品牌战略让消费者更容易辨别和选择小米产品。总的来说，小米科技品牌主要是以科技产品为主，涵盖智能手机（图 6-44）、电视和路由器等；米家则以智能硬件居多，主要包括可穿戴产品、智能家电（图 6-45）、智能家居、照明等生态链产品。

小米科技创立以来就明确了工业设计的重要性，因此其设计能参与到产品定义、工程、量产的全流程，使设计服务于产品，成为产品力、品牌竞争力的一部分。小米生态链设计总监李宁宁表示：工业设计不只是设计外观，还包括物理交互和用户体验。她认为，优秀的设计师需要具备高度的审美能力，大量的产品见识和综合的产品线意识，涵盖对产品定义、市场定价、目标用户的理解，以及对造型和硬件交互设计的能力、逻辑、后期量产的经验，基础模具的知识、CMF 工艺经验及管控能力等。

对于小米科技来说，"好设计"是能降低受众对产品的认知难度，提高设计接受度的产品；这些产品应是体量紧凑、设计效率高、易融入使用环境、能有效地提高生产效率、合理控制成本的设计。目前，市场上大部分与设计有关的产品都与高价位画上了等号，但小米却以极强的品控力打破了"好设计"与"高价位"的必然联系，以高性价比的商业模式打造了大家都享受得起的"好设计"。

图 6-43 小米产品

图 6-44　小米手机

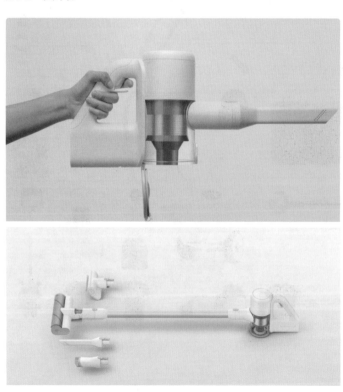

图 6-45　米家手持无线吸尘器

第7课 巴蜀器物造型与工艺

四川简称川或蜀，因先秦时曾分属于巴和蜀两个诸侯国，故别称"巴蜀"。巴蜀文化是指从古至今以四川盆地为中心，以历史悠久的巴文化和蜀文化为主体，包括周邻地区各少数民族在内的多元复合文化的总汇。

巴蜀地区自古以来农业发达，手工业繁荣，经济上保持了由秦至宋的长期繁荣。四川省省会成都更有"天府之国"的美誉，作为南方丝绸之路的起点，也是北方丝绸之路、草原丝绸之路上的重要商业枢纽，长期保持着与外界经济和文化的交流。巴蜀传统器物造型不仅体现在当地社会的审美文化上，更为强大的动力来自因地制宜的造物技术在发展中的不断创新。

1 竹编

竹编是一种以竹子为原材料进行编织的集实用与审美于一体的古老技艺。早在新石器时代初期，人类就开始用竹子藤条编成篮、筐等器物，其应用范围远比陶器、青铜器和铁器广泛。我国传统竹编工艺有近150多种技法，大体上可分为篾丝编织、篾片编织、片丝交叉编织、竹条拼镶、排列穿插等。其中，最为常见的十字编、人字编、绞丝编、螺旋编、辫口编、花箍编、穿丝编、插筋编和线口编等都是由挑压编织法演变而来的。竹编器物以均衡、对比、连续、繁复的形式美法则，体现出中国传统工艺丰富的美学意义和艺术价值。

四川地处我国西南内陆，气候湿润温和，降水充沛，土壤条件优厚，盛产竹子且品类丰富。近十年来，四川凭借丰富的竹资源和雄厚的文化底蕴成为竹类非物质文化遗产资源大省。其中，最具代表性的有青神竹编、道明竹编、渠县刘氏竹编，以及邛崃瓷胎竹编、自贡龚扇等。

1）青神竹编

四川省眉山市青神县地处川西平原西南部，从古至今当地都被大量优质的竹林覆盖。早期，青神竹编主要用于编织各种养蚕的工具，进而形成了一套独有的竹编技艺。唐代时，张武率县民编竹篓填石拦鸿化堰，提水灌溉农田，使竹编工艺得到较大发展。2008年，青神竹编以悠久的竹文化和精湛的编织技艺被列入国家级非物质文化遗产名录。2014年，青神成为国内首个竹编类省级生产性保护基地，形成了国家、地方、传承人、技艺持有者四个层级的保护格局。

图 7-1 《苦乐清凉》

如今，青神竹编已经形成平面竹编、立体竹编、混合竹编三大艺术类别。其中，用薄篾层编出二维图形的平面竹编字画是青神竹编的代表。国家级非遗传承人陈云华将竹篾制作成薄如蝉翼、细如发丝的竹丝，再用挑、压、破、拼等多种编织技法，以提花编织的原理编出《清明上河图》《中国百帝图》《中华情》等竹编艺术精品。2013 年，他创作的彩色竹编画《苦乐清凉》（图 7-1）获得第十一届中国民间文艺"山花奖"民间工艺美术作品奖，其手工编织的精细程度和艺术神韵可与刺绣相媲美。

青神竹编画的蓬勃发展使传统竹编技艺逐渐从日常生活中脱离出来，其编织工艺的繁复程度、图案的细微表现力、色彩的饱和度、版面布点的均匀度均成为评定竹编技艺好坏的标准。

2）道明竹编

四川省崇州市道明镇自古就有着丰沛的慈竹资源，当地产出的竹子质地优良，竹节长且质细柔韧，很适合用于编织。《崇庆县志》中记载，崇庆之竹编名扬省内外，实赖道明方有所得也。17 世纪初，道明当地农民即以扭篾绳，编畚箕、箩筐、筛子为常事。部分农民还以此为业，使竹编工艺由粗到精、由简到繁，制作出斗笠、凉席、素篼、花篼、提篼等销售到邻近诸县（图 7-2）。

立体竹编（图 7-3）是道明竹编最具特色的产品之一，精细小巧的竹编产品以饰品、玩具、装饰品为主，大型竹编主要有户外公共艺术品、房屋建筑、室内装饰等。在编制技法上，道明竹编以经纬编织为主，融入疏编、插、穿、削、锁、钉、扎、套等技法，图案丰富且具有节奏感。2013 年，中央美术学院城市设计学院在道明镇设立传统竹编研究实习基地，道明竹编也因此走进了大学殿堂，成为课堂教学的内容之一。目前，道明竹艺村以竹里建筑为依托（图 7-4），衍生出住宿、旅游、文化体验等相关业态，将竹编文化深度融合在项目打造中。2019 年，道明竹编被列入国家级非物质文化遗产名录。

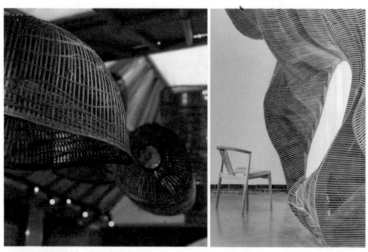

图 7-2　道明竹编

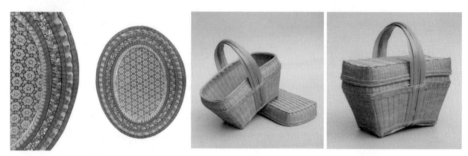

图 7-3　赵思进立体竹编作品

图 7-4　道明竹艺村·竹里

3）渠县刘氏竹编

渠县地处四川省东北部，气候温和，物产丰富，盛产慈竹，为竹编工艺提供了优质的原材料。渠县竹编历史可以追溯到 2 300 多年前，生活在这一带的乡民即已开始用竹材编制劳动工具和生活用具。

2001 年，竹编匠人刘嘉峰在承袭了瓷胎竹编和自贡龚扇的基础上，创办了四川刘氏竹编工艺有限公司（前身是四川省渠县工艺美术厂）。2008 年，刘氏竹编被列入国家级非物质文化遗产名录。刘氏竹编早期的产品以碗、篮、灯、扇、盆、椅、画、壁挂、花插、茶具、凉帽等为主，目前其产品主要分为三大类：收藏品、民族奢侈品、生活艺术品。他们将老一辈精细高超的手工艺蕴藏在收藏品中，以时尚元素、卓越品质与传统手工艺相结合，融入茶艺、花艺、香道、文玩等元素，设计出符合年轻人喜爱的产品（图 7-5）。

图 7-5　刘氏竹编

2 锦绣

成都平原是秦汉时期巴蜀文化的核心区域，到西汉晚期已形成天府之国的框架。这个时期成都的织锦业十分发达，蜀锦作为长期进贡朝廷的贡品，成为巴蜀地区主要的财政来源和经济支柱。官府设有"锦官"一职，主要负责官营织锦工厂，成都也因此得名"锦官城"。

1）蜀锦

锦是一种五彩蚕丝提花织物，是丝织品中织造技术最高、最华丽、最名贵的品种。蜀锦与宋锦、云锦并称为中国"三大名锦"，代表着我国丝织技术的最高水平。巴蜀地区是我国古代最早、最重要的养蚕、治丝、织锦的中心之一，距今已有 2 000 多年的历史。蜀锦融汇了南北文化的特点，不仅具有西域风格的纹样和强烈的色彩对比，又具有南方织缎的精工细作。得益于巴蜀地区良好的地理环境和优越的桑蚕自然条件，蚕丝产量高且质量上乘，蜀锦之美不仅体现在图案上，更体现在锦缎顺滑细腻的质感上。

丝绸之路促进了东西方科技文化的传播与吸收，蜀锦无论在生产技术还是艺术风格上都体现出对外来优秀文化艺术的兼容并蓄，形成了一种既植根于传统形式又折射出异域风貌的全新技艺风格（图7-6）。在技术方面，蜀锦经历了从"彩条经锦"到"纬线显花"的发展趋势。两汉以来，蜀锦一直以"彩条经锦"为主要特征，即在彩条经线的基础上起花织锦。唐代纬线起花技术兴起后，蜀锦织物配色的重点逐渐从经向转至纬向，织造过程以梭子变换纬线色彩，不仅操作更方便、更灵活，锦面的色彩也更丰富自然。"纬线显花"技术突破了古经锦在经向配色上的局限性，使织物的组织结构向多元化方向发展，织纹更为丰富和精细，图案大小的排列也突破了经锦的严格限制。

在纹样方面，蜀锦艺人从自然中汲取创作素材，将吉祥观念融入其中。战国、秦汉时期的蜀锦以简单的几何回纹图案为主，通过组合、循环使纹样变得富有节奏和韵律。汉代，为了迎合当时道家的神仙学说，蜀锦中出现了大量表现鸟

兽、神仙、山间云气和藤萝植蔓的图案，并以白、黑、青、红、黄五色契合阴阳
五行学说中的元素和方位。隋唐时期，蜀锦的图案出现了大量西域元素，如西域
动物、神祇、联珠、文字等，体现出蜀文化与中原文化、外来文化的融合与交
流。唐代佛教盛行。莲花成为蜀锦的主要题材，工匠们把栩栩如生的花鸟蜂蝶纹
样融入蜀锦之中。宋代，蜀锦受当时花鸟绘画的影响，题材也趋向于色彩丰富、
秀美雅致的花样。明清时期，蜀锦纹样以梅兰竹菊为主，在宋元"锦地开光"的
基础上，发展出锦地和锦上的双层纹样，锦地以回纹、万字、龟背为主，锦上则
饰有缠枝花卉，"锦上添花"也由此而来。

　　蜀锦织造工艺流程细腻而缜密，其过程体现了以身体为动力的手工技术的
至高境界。在工业生产日趋智能化的今天，蜀锦织造因其缺乏稳定的传承人群，
市场价格高昂，缺乏竞争力而濒临灭绝。2006 年，蜀锦被列入第一批国家级非
物质文化遗产名录。随后，非物质文化遗产蜀绣生产基地与蜀绣行业协会相继
成立，为蜀锦、蜀绣产业发展与文化研究奠定了基础。

图 7-6　蜀锦

2）蜀绣

蜀绣也称川绣，是以成都平原为中心的刺绣品的总称，是我国最古老的绣种之一，因出产于蜀地而得名。蜀绣与苏绣、湘绣、粤绣并称为中国"四大名绣"。2006年，蜀绣被列入第一批国家级非物质文化遗产名录。

自古以来，人们就把"锦""绣"两个字连在一起喻示美丽和美好，但蜀锦和蜀绣是两种不同的工艺技法。蜀锦是通过经纬线相交织，生产出不同图案的彩色丝织物，在生产过程中以织为主，即将图案或文字织入丝缎中，使锦与缎融为一体，成为锦缎。蜀绣以锦缎、彩丝为主要原料，在生产过程中以绣为主，需要通过一针一线在已经织好的织物上进行再创造。

蜀绣针法以严谨细腻著称，可分为滚针、编织针、铺针、切针、晕针等十二大类，具有运用自如、针迹平齐严谨、色彩光亮、过渡柔和、车拧到家等特点。蜀绣早期主要应用于帐帘、台面、被面及各类服饰制品中，如绣衣、绣鞋等。除具有装饰效果的平面针法外，结实耐磨的缠绕针法应用也十分广泛。在生产工具方面，古代蜀锦制作主要靠木织机完成，而刺绣的主要工具由绷轴、绷架、插闩、嵌条、绷框等组成。绣娘只需绷紧布料，并将绷框放置于绷凳上就可以开始刺绣了。

在我国织绣艺术中，双面绣集中体现了织绣技艺的最高水平。双面绣也称两面绣，即在同一块底料上绣出正反两面图像（图7-7）。如今双面绣已发展为双面异色、异形、异针的"三异绣"。目前，蜀绣和蜀锦都因缺乏稳定的传承人群、价格高昂、创新能力弱而濒临灭绝。近年来，四川政府积极推进蜀绣产业的发展和市场影响力，先后在四川省博物馆、成都蜀绣博物馆、文殊坊、宽窄巷子等重点旅游景区建立展示、展销平台。但从绣品市场国内消费和外贸出口比例看，苏绣占比高达80%，湘绣占比为10%，粤绣和蜀绣占比均只有5%，蜀绣发展形势仍处于弱势地位。

图 7-7　孟德芝双面异型绣《九子·熊猫》

3　漆器

　　自古以来，四川便是全国产漆与制漆的大省之一，以"漆"得名的乡镇就有达州宣汉县的漆碑乡、漆树乡、土漆乡等。德阳什邡更是产漆与制漆的重镇。"什邡"在《汉书》等文献中称为"什方""汁方"，其中"什""汁"都泛指"漆"。四川漆器最早可追溯到殷商时期，三星堆出土的髹漆雕花漆木器是四川地区发现的距今最早的漆器之一。《中国工艺美术大辞典》记载，漆器是四川成都名产，具有浓厚的地方色彩，距今已有 2 000 多年的历史，早在西汉初期四川已是我国漆器的生产中心，全国的漆器匠师以四川的蜀工最佳，产品流传全国。

　　巴蜀地区生漆资源丰富且质优，制作胎骨所需的竹木之材、调制色漆的各色颜料、金银矿产也十分充足，为四川漆器就地取材提供了便利，也为髹漆工艺的产生与发展奠定了坚实的物质基础。

1）成都漆器

成都漆器最早被称为"南漆""滴漆"，是我国历史上最具代表性的漆器之一。商周时期成都漆器制作工艺业已形成，两汉时期达到鼎盛。生漆性能不稳定，接触空气后颜色会因氧化作用而发生变化，且色泽及透明度欠佳。因此，漆液需要经过反复晾晒、过滤，制成"清如油，明如镜"的熟漆才能用于髹饰器物。得益于优质漆液的天然质美，成都出产的漆器无须过多髹饰就已趋于极致。

成都漆器对胎骨材质的选择和处理有着极高的工艺要求，既讲究形制的规范性，又要懂得因材制器、各随其法。漆器胎骨材质主要分为木胎、夹纻胎（布胎）、竹胎、皮胎、陶胎、金属胎等。成都漆器以木胎数量最多，其种类包括厚木胎、薄木胎、薄木片卷胎及木片拼合胎等多种形式。在制作过程中，工匠们会根据器形与功能的需要采用斫制、旋制、卷制、拼合及雕刻等不同的制法完成胎骨的制作。

自漆液的特性被发现以来，在器物上使用髹漆保护的方法几乎涉及生活的方方面面，如饮食用器、生活娱乐用器、礼制用器、丧葬用器和兵戎用器等。常用的髹漆技法有素漆、彩绘、油彩、针刻、戗金、戗银、描金银、扣器、金银箔贴花、金银平脱、镶嵌、堆漆、雕漆（剔红）、犀皮等十数种。其中，彩绘色彩是漆器最为独特之处。自禹作漆器以"墨漆其外，而朱画其内"开始，黑与红就构成了中国漆器艺术的主要色彩语言。由于地域文化和审美观念的差异，各地漆器在用色风格上多有不同，但基本保留了以黑、红为主色的基调，如清彩绘牛角酒杯（图7-8）、清彩绘朱漆皮铠甲（图7-9）。魏晋后，瓷器因

图7-8　清彩绘牛角酒杯

图7-9　清彩绘朱漆皮铠甲

其坚固耐用、价格低廉取代了漆器在日常生活中的地位，漆器生产逐渐走向衰落。而成都地区的漆器生产活动却始终没有停止过，成都漆艺在漆艺人的口传心授中传承下来。2006 年，成都漆器被列入第一批国家级非物质文化遗产名录。

2）凉山彝族漆器

凉山彝族的传统漆器手工艺距今已有 1 700 多年的历史，在中国少数民族漆艺文化中占有重要的地位。彝族先民以木、皮、竹、角为胎，以黑、红、黄三色创作了大量颇具民族特色的彝族漆器，填补了少数民族在中国漆艺历史中的空白。

《彝族史稿》中记载，彝族原居于我国西北部，后因故南迁。在山高险峻、荆棘丛生的山区，彝族先民们过着频繁迁徙的游牧生活。由于陶瓦之类的物品易碎且不易搬迁，他们便在这特定的地域环境下就地取材，通过伐木琢器，并以牛、羊或其他野兽的皮、角、蹄等作为漆器的胎骨，制成各种适合自己生活的漆器餐具、酒具、兵械、法具等，以满足日常生活之需，因而其造型表现出高度的适用性。长期以来，彝族一直保持着席地而坐的进食习惯，其食器造型也都保留了古代青铜器豆高足、交圈足的造型特点。其中，彝族鹰爪杯（图7-10）、牛角杯、野猪蹄杯等饮酒器具，不仅体现了早期彝族先民对动物的崇拜，也形成了彝族漆器独有的艺术风格。

图 7-10　近代彩绘菱形图纹鹰爪漆木杯

彝族人民以黑为贵，等级中的贵族往往称为"黑彝""黑骨头"，因此在色彩方面，彝族漆器常以黑漆为底，错综调配红、黄两色。红色是对火的礼赞、对太阳的祭拜；黄色则代表了美丽、光明和富贵，使彝族漆器纹样构成了五彩斑斓的视觉效果。同时，彝族匠人还用造型、色彩、纹样等真实地记录了凉山彝族各个时期的政治、经济、文化、历史的变迁。作为彝族文化的活化石，2008年彝族漆器成功入选国家级非物质文化遗产名录。

4 瓷器

考古发现，巴蜀地区是我国最早使用陶器的地区之一，时间可追溯到公元前4500年。四川有不少著名的陶瓷烧制窑口，如隋唐时期的成都青羊宫窑、琉璃厂窑，邛窑系的固驿窑、十方堂窑，雅安芦山窑，乐山西坝窑，都江堰玉堂窑，重庆涂山窑系等。从闻名遐迩的汉代陶俑和东汉青瓷，到唐宋时期的三彩、釉下彩以及宋代油灯和彩绘大器、西坝窑的窑变釉陶瓷，再到明清、民国的荣昌安富黑釉、金砂釉陶器，都显示出巴蜀人的智慧和创造力。20世纪20年代初，因对外缺乏交流、创新能力薄弱、技艺传承出现断层等问题，四川窑业逐渐衰落，老一辈的制陶艺人只能做泡菜坛子等粗糙的陶器维持生计。

1）邛窑

以邛窑为代表的四川古代青瓷，创烧于东晋，发展于隋代，兴盛于初唐至唐末五代，停烧于南宋中晚期，共经历了约9个世纪，是四川古瓷窑中面积最大、窑包最多、造型纹饰最美、产品最丰富、烧造时间延续最长、产品流散最广的民间瓷窑之一。

邛窑分布于我国西南地区的成都平原。由于当地胎土含铁量高、杂质多，邛窑瓷器有着胎质较粗、呈色较深等特点。长期以来，邛窑器物都十分重视表面的装饰。在造型方面，邛窑器物受当时人们日常起居方式的影响，由南朝时期的饼足、平底演变为隋代的高足，出现了大量如高足杯、高足盘等器物造型。唐代高坐具的出现使人们逐渐转向垂足而坐，器物造型也转为矮足、低矮的圆足等。

图 7-11　唐代邛窑绿釉灯盏　　　　图 7-12　唐代黄绿釉高足瓷炉

图 7-13　唐代邛窑青釉褐彩四系罐　　　图 7-14　唐代邛窑彩绘　　　图 7-15　唐代邛窑彩绘
　　　　　　　　　　　　　　　　　凤凰云彩纹贯耳瓶　　　　　　短流双耳执壶

　　在装饰纹样方面，东晋、南朝时期的邛窑以单色釉的青瓷为主，发展至唐代，邛窑器物中涌现了大量外域文化元素——刻花和印花工艺，纹样设计精美。邛崃十方堂窑生产的邛三彩代表了当时邛窑最高的技法水平（图 7-11）。邛窑在宋代逐渐走向衰落，为了迎合宋瓷的美学风格，这一时期釉下彩装饰减少，以各种色调的绿色、青色釉为主的乳浊釉瓷器开始大量生产，形成了独具特色的"邛窑绿"。

　　邛窑作为古代四川最大的民窑体系，产品以实用性和便捷性的生活用具为主，整体呈现出较为淳朴粗犷的风格。巴蜀工匠擅长将雕塑的手法应用于器物的造型和装饰中，以精巧的细节使器物呈现出独特的美感（图 7-12）。在装饰技艺方面，邛窑与其他窑口相互交流借鉴，但在具体手法和风格上却具有明显的独创性，体现出对材料的尊重，以及在正确认识本土材料特性、创新工艺技术的基础上，建立"相物而赋彩，范质而施彩"的装饰观念（图 7-13—图7-15），即根据器物本身的特征来装饰，根据材料的质地选择不同的装饰手法，使各类产品尽可能地获得最好的功能效果。

2）蜀山窑

四川是南北陶瓷技艺的交汇地，拥有悠久的古陶瓷历史。宋代以后，四川陶瓷业因战乱逐渐衰落。目前，四川蜀山窑以巴蜀文化为核心元素，结合技艺、艺术和工艺，以传播"生活艺术化、艺术生活化"的美学思想，延续着当代四川陶瓷艺术的传承与创新。

蜀山窑创建于 2000 年，创始人李清多年来潜心研究陶瓷，将水彩技法与陶瓷工艺相结合，以泥板作为画布，用笔代刀，用泥浆代替颜料，在釉中彩浮雕瓷版画的技法上，利用水溶性定画液与油性色料水油分离的特点，使油性的色料位于水料的上层，再经过三次施釉、三次高温烧制，"用火的温度烧出水的质感"，最终形成了具有水彩画玲珑剔透、油画色彩斑斓的水墨意境瓷版画。

蜀山窑经过 20 多年的发展，以工艺美术为支撑点，以四川文化为核心元素，以科技创新为表现手法，在工艺和造型上形成了自身的特点，创新了"粗陶精做"的新思想和新技术。多年来，蜀山窑坚持使用眉山陶泥、夹江陶泥等本土材料和技艺进行创作，将四川传统器物造型与四川道家文化的艺术特点相融合，创作出许多具有四川特色的陶瓷。2012 年创作的"蜀山道器"系列生活陶艺（图7-16）让大众重新认识了巴蜀盖碗、日用陶器、香器等系列器皿的美。在美术陶瓷上，创新了釉中彩浮雕瓷版画（图 7-17），丰富了中国美术陶瓷的内容。

图 7-16　"蜀山道器"系列生活陶艺

图 7-17　"春山"系列瓷版画

参考文献

［1］阿格尼丝・赞伯尼. 材料与设计［M］. 王小荣, 马骞, 译. 北京:中国轻工业出版社, 2016.

［2］保罗・罗杰斯, 亚历克斯・米尔顿. 国际产品设计经典教程［M］. 陈苏宁, 译. 北京:中国青年出版社, 2013.

［3］伯恩德・波尔斯特. 博朗设计:卓越创新50年［M］. 杜涵, 译. 杭州:浙江人民出版社, 2018.

［4］伯恩哈德・E. 布尔德克. 产品设计:历史、理论与实务［M］. 胡飞, 译. 北京:中国建筑工业出版社, 2007.

［5］大卫・A. 劳尔, 史蒂芬・潘塔克. 设计基础［M］. 范雨萌, 王柳润, 黄聪, 译. 长沙:湖南美术出版社, 2015.

［6］戴维・布莱姆斯顿. 产品材料工艺［M］. 赵超, 译. 北京:中国青年出版社, 2010.

［7］方晓风, 汪芸. 慢慢生长的"半木"［J］. 装饰, 2012（6）:56-61, 2.

［8］冯敏. 凉山彝族漆器的装饰艺术［J］. 贵州民族研究, 1990（4）:150-156.

［9］金银. 20世纪80年代之后中国设计艺术理论发展研究［D］. 武汉:武汉理工大学, 2007.

［10］凯瑟琳・麦克德莫特, 希拉里・贝扬. 不败经典设计［M］. 郭姝涵, Ricoe Jen, 译. 北京:中国青年出版社, 2011.

［11］孔毅. 蜀锦文化创意产品传承与发展的价值及意义［J］. 四川戏剧, 2014（3）:107-109.

［12］劳拉・斯莱克. 什么是产品设计?［M］. 刘爽, 译. 北京:中国青年出版社, 2008.

［13］李楠, 太晓飞. 四大"奥斯卡"工业设计奖比较研究［J］. 设计, 2016（11）:72-75.

［14］李曜坤. 建设现代化设计产业强国:中国设计产业高质量发展基本方略［J］. 装饰, 2020（8）:33-36.

［15］李亦文, 黄明富, 刘锐. CMF设计教程:产品色彩・材料・工艺・图纹创新设计方法［M］. 北京:化学工业出版社, 2019.

［16］刘晶晶. 关于日本设计和设计教育的亲历与恳谈［J］. 装饰, 2015（12）:36-44.

［17］刘小路. 成都漆器艺术研究［D］. 成都:西南交通大学, 2013.

［18］卢娜. 产品设计语意的美学问题［D］. 沈阳:辽宁大学, 2011.

［19］马克纳. 源于自然的设计:设计中的通用形式和原理［M］. 樊旺斌, 译. 北京:机械工业出版社, 2013.

［20］倪建林. 中西设计艺术比较［M］. 重庆:重庆大学出版社, 2007.

［21］庞观. 设计奖项在创新型社会的意义:以德国IF、日本优良设计、中国红星奖为例［D］. 北京:中国艺术研究院, 2019.

［22］彭妮·斯帕克.设计与文化导论［M］.钱凤根,于晓红,译.南京:译林出版社,2012.

［23］乔熠,乔洪,张序贵.蜀绣传统技艺的特性研究［J］.丝绸,2015,52（1）:47–53.

［24］盛焕.无印良品的品牌建立与设计管理启示［J］.设计艺术研究,2017（4）:97–103.

［25］孙聪.美与消费:从《精益求精》看雷蒙德·罗维的设计思想［J］.装饰,2018（8）:
138–139.

［26］汤马士·豪菲.设计小史［M］.陈品秀,译.2版.台北:三言社,2010.

［27］田君.红点奖:寻找优良设计与创新［J］.装饰,2019（8）:18–23.

［28］王琛,杜军,任淑静.基于审美心理的阿尔瓦·阿尔托家具设计探究［J］.包装工程,
2017,38（16）:16–20.

［29］王方良.产品的意义阐释及语意构建［D］.南京:东南大学,2004.

［30］王敏.设计超越消费文化:雷蒙德·罗维的工业设计及其转变［J］.艺术百家,2012,28
（5）:225–227.

［31］王小茉.金圆规奖:意大利设计文化的塑造者与传播者［J］.装饰,2019（8）:30–35.

［32］王星伟,黄德荃.继承与开新:四川渠县“刘氏竹编”的创新与转型［J］.装饰,2016
（5）:50–56.

［33］吴婕妤,陈红,吴智慧,等.四川地区竹编工艺特性研究［J］.竹子学报,2020,39（1）:
90–94.

［34］吴庆洲.中国器物设计与仿生象物［M］.北京:中国建筑工业出版社,2015.

［35］吴翔.设计形态学［M］.重庆:重庆大学出版社,2008.

［36］武廷海.《考工记》成书年代研究:兼论考工记匠人知识体系［J］.装饰,2019（10）:
68–72.

［37］伊丽莎白·库曲里叶.好设计的故事［M］.苏威任,译.台北:原点出版,2011.

［38］佚名.竹编历史及文化［J］.中国林业产业,2018（3）:69–71.

［39］詹颖.邛窑器物设计的审美文化［M］.北京:中国轻工业出版社,2019.

［40］张越.《考工记》的工艺美学思想［J］.山东社会科学,2005（6）:109–114.

［41］周赳.中国古代三大名锦的品种梳理及美学特征分析［J］.丝绸,2018,55（4）:93–
105.

［42］周梅,王朝刚.巴蜀文化与陶瓷造型艺术［J］.艺术评论,2016（6）:92–96.

后记

　　人到中年方知时间的可贵。本书的撰写工作开始于2020年疫情时期，在家上网课，终于有了一些闲暇时间，便开始陆陆续续地整理这些年来的教学资料。回头一看，这门课已经上了12个年头。那些不断"再版"的课件、教案、文献资料、案例视频、图集、课程作业中，有许多与学生们共同创作的回忆。多年的教学过程中也曾使用很多优秀的教材，但终究没有找到一本"最适合"的，于是萌生了自己写教材的念头。适逢成都大学教材建设项目和中国—东盟艺术学院学科发展建设项目的支持，本书的撰写也就这样开始了。

　　在撰写过程中，本书构架的基础——"产品造型基础"课程入选了四川省首批社会实践一流课程。在这里，我要感谢成都大学美术与设计学院各位同仁给予的帮助和支持，也要感谢我的家人在我写书过程中的默默付出。同时，成都大学美术与设计学院产品设计系的陶红利、潘美含，以及我的研究生张林玉、谭婧协助整理和收集了部分文献资料；我进入成都大学所教的第一、二届学生王志方、韩凌菊参与了本书的装帧设计工作，在此均深表感谢。

董　泓

2023年1月